忍不住想与他人分享的心理学

[日] 内藤谊人○著
崔灿○译

図解

身近にあふれる「心理学」が3時間でわかる本

北京时代华文书局

图书在版编目（CIP）数据

忍不住想与他人分享的心理学 /（日）内藤谊人著；崔灿译．—北京：北京时代华文书局，2022.3

ISBN 978-7-5699-4551-5

Ⅰ．①忍…　Ⅱ．①内…　②崔…　Ⅲ．①心理学—通俗读物　Ⅳ．①B84-49

中国版本图书馆 CIP 数据核字（2022）第 034497 号

北京市版权局著作权合同登记号　图字：01-2021-3978

忍不住想与他人分享的心理学

RENBUZHUXIANG YU TAREN FENXIANG DE XINLIXUE

著　　者 | ［日］内藤谊人
译　　者 | 崔　灿

出 版 人 | 陈　涛
策划编辑 | 邢　楠
责任编辑 | 邢　楠
责任校对 | 薛　治
装帧设计 | 孙丽莉　段文辉
责任印制 | 訾　敬

出版发行 | 北京时代华文书局 http://www.bjsdsj.com.cn
北京市东城区安定门外大街 138 号皇城国际大厦 A 座 8 楼
邮编：100011　电话：010 - 64267955　64267677
印　　刷 | 河北京平诚乾印刷有限公司　010 - 60247905
（如发现印装质量问题，请与印刷厂联系调换）
开　　本 | 880mm×1230mm　1/32　印　　张 | 6.5　字　　数 | 139 千字
版　　次 | 2022 年 5 月第 1 版　印　　次 | 2022 年 5 月第 1 次印刷
书　　号 | ISBN 978-7-5699-4551-5
定　　价 | 42.80 元

前　言

“我想学心理学。”

“我对心理学很感兴趣。”

上述这样的人是不是比比皆是呢?

迄今为止我也曾多次遇到过这样的人。能手捧本书的读者应该都是对心理学多少有点兴趣的吧?

虽说我们都在用“心理学”这个词，但它所包含的范围其实极其广泛，其中有一些领域肯定会让你觉得诧异:“啊! 这也属于心理学?”

就算A和B同为“心理学家”，只要他们研究的方向稍有区别，A所熟知的领域，对B来说可能是完全陌生的，反之亦然。心理学就是这样一门包罗万象的学问。

一般提到心理学，人们常常会将其看成是一门读懂人心、识破谎言的学问。

确实有专门研究这方面的人，但是这个领域只是心理学的沧海一粟。大部分心理学家在完全不同的领域里辛勤耕耘。

我认为一本书无法面面俱到地将心理学广博丰富的领域都呈现

给大家，因此本书选取了跟我们日常生活紧密相关的事例，用通俗易懂的语言带领读者登堂入室、含英咀华，了解心理学知识的妙趣横生与精微深奥。

如果你在轻松愉快的阅读中惊叹：“原来如此，这样的事也能用心理学解释啊！”那本书的目的就达到了。

鉴于很多人常常将一些概念混为一谈，所以我想事先说明一下，心理学并不是占卦算命，跟风靡的血型占卜和星座占卜没有任何关系。如果读者期待的是这些内容，那还是趁早把本书撂下吧。

另外，“读心术”也和心理学毫无关系，前者只是一种小把戏，所以本书也没有这方面的内容。

笔者在这里所记载的全部是有学术根据的事理。

本书尽量涉及心理学众多广博的领域，但鉴于篇幅有限，只能做出一些筛选和限定。

尽管如此，我还是从商业心理学、人际心理学、环境心理学、健康心理学、体育心理学、政治心理学、消费者心理学、组织心理学等诸多心理学领域中旁搜博采、集腋成裘。

若读者通过本书的介绍，能对心理学这门学科有进一步的兴趣，笔者将不胜欣喜。

希望每位读者都能在书中有所收获！

内藤谊人

目 录

第一章　家庭与恋爱的心理学

第二章　动力与压力的心理学

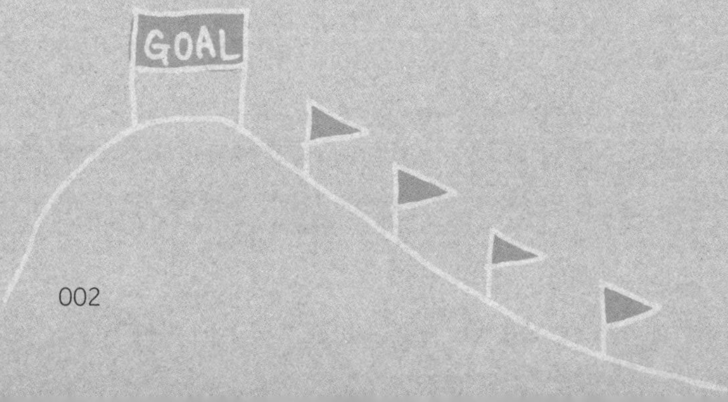

第三章　街头巷尾的心理学

第四章　金钱与消费的心理学

第五章　媒体与社会的心理学

第六章　工作与职场的心理学

第一章

家庭与恋爱的心理学

01 “吵架是关系好的证明”在多大程度上是正确的呢?

有些夫妻或情侣总是争吵不断。从旁观者的角度看，我们可能觉得“如果总是吵架，还不如分开好”。但是为什么吵架的双方感情非但没有破裂，反而总能重归于好呢?

◎ 根据研究，“吵架是关系好的证明”这句话是正确的

有句俗语说：“吵架是关系好的证明。”

从心理学的角度看，这句俗语能经得起推敲吗？听上去似乎有道理，但是也感觉像是假话，那真实的情况是怎样的呢?

我们根据几个研究来做判断，上述俗语可以说是“正确的”。

◎ 关键点是“中度的争吵”

美国得克萨斯大学的副教授莉莎·内夫（Lisa Neff）用了两年半的时间调查了61对结婚6个月内的新婚夫妇。

调查的结果表明，结婚后几个月内出现中度争吵并且能和好的夫妇，会在之后美满地生活下去。

吵架之后重归于好，经过这样一系列的事件后，夫妇双方都可

以学到解决争吵的技巧，从而都具备了对争吵的免疫力。

莉莎·内夫分析，最初生活幸福、完全不吵架的夫妻并没有学到如何才能和好的本领，因此他们反而更容易陷入感情破裂的僵局。

◎ 感情破裂的原因是对争吵没有免疫力

也有夫妻争吵之后感情破裂，这是因为他们平常没有经历过小争吵就直接爆发了激烈的大争吵。

如果夫妻间发生小的争吵，言归于好并没有多大困难。而且双方一旦互相学习到了言归于好的方法，即使之后再发生大的争吵，也能克服过去。

这和接种疫苗的原理有点类似。

身体最初如果接种了非常弱的病原菌就可以获得免疫力，那么之后面对更强的病原菌也有了抵抗力。

夫妻之间的吵架也是这样，如果可以克服小争吵，在面对大争吵的时候也具有了言归于好的能力。

◎ 吵架是有益的吗？

美国贝勒大学的心理学教授基斯·桑福德（Keith Sanford）对734名已婚者和同居者进行了调查，得出了“吵架是有益的”结论。但是这里所说的不只是吵架，更为重要的是要“完全地言归于好”。

也许有的人认为“吵架是不好的”，他们也从不把自己要表达的想法告诉对方，一直忍气吞声。

这样的夫妻表面上看起来没有任何问题，但是一忍再忍，直到忍无可忍的时候就无法挽回了。

如果双方没有在日常的小争吵中获得免疫力，突然就爆发了大争吵，感情将很难破镜重圆。

夫妻、朋友之间的关系都是这样，想和对方维持好关系，刻意在“怎么样都行的事情”或者“无关紧要的琐事”上发生小争吵可能是好事。事先获得免疫力，在出现大争吵的时候就可以迎刃而解了。

通过小争吵可以学习“如何言归于好”

02 常年生活在一起的夫妇为什么越来越有夫妻相呢？

结婚几十年的老夫老妻，长相往往惊人地相似。大家是不是觉得很不可思议呢？明明没有遗传的关系，为什么会这样呢？

◎ 夫妻之间面容相似实在不可思议

我们好像经常有这种感觉，长期生活在一起的两口子越来越有夫妻相，连精神气质都和另一半出奇地相似。

走在路上或公园里也能看到一些老夫老妻让我们不禁发出感慨：“这一对儿简直是一个模子里刻出来的！”这样的情景屡见不鲜。

与自己的孩子不同，夫妻之间并没有血缘关系。也就是说，不是遗传的原因让夫妻的面貌相像。

◎ 结婚之初相似度并不是很高

美国密歇根大学的社会心理学家罗伯特·扎荣茨（Robert Zaionc）对此心存疑虑，他邀请了一些结婚超过25年的夫妻参加实验，请每对夫妻分别提供他们现在各自的照片和25年前刚结婚时各自的照片。

然后，罗伯特邀请了110名大学生观察这些照片，并对夫妻们的相似度进行评判。

结果是大学生判定25年前的夫妻面貌并没有那么相似，但是明显可以看出现在的照片有超高的相似度。

结婚之初的面貌并不相似，共同生活了25年，连颜值也越来越趋于一致，夫妻还真是有趣呐。

◎ 在一起之后常常有相同的情绪

两口子越来越有夫妻相的原因是在一起生活要面对共同的生活事件，互相分享，共同承担，所以感受到的情绪往往是相同的，脸部也经常呈现出同样的表情。

比如一直互相说笑的夫妇，在笑的时候会动用相同的面部肌肉。数年之后，他们的相貌会变成彼此露出笑脸时的状态，这样的结果是夫妇二人的面容都是喜眉笑眼、和颜悦色。

相反，如果夫妻之间关系不好，双方总是愁眉紧锁，或者怒目而视，经过岁月的沧桑之后，这样的表情就会“贴”在脸上。那么，夫妻双方都会形成严厉阴沉的面相。

◎ 相似的表情让彼此的精神气质接近

我结婚也刚好20年了，不少人都说我和妻子好有夫妻相，我自己也觉得我们如今的长相要比刚结婚的时候相似得多。原因可能是我俩经常做同样的表情吧。

说起夫妻相，准确来说并不是指眉眼越长越像，而是夫妻之间由于做相同的表情，脸部呈现出来的精神气质给人的感觉如出一辙。结婚前并不相像的二人在一起生活多年之后，容貌越来越相像也是因为他们经常做同样的表情。

也就是说，我们要比自己想象的更经常和另一半拥有相同的情绪，做同样的表情。

尽管没有血缘关系却长得非常像是因为
夫妻常年一起生活，经常有相同的情绪

相像的并不是五官，而是表情。

03 宠物和主人的相貌相似不是错觉吗？

> 养宠物的家庭不少，你是否感觉到宠物不知为何和主人长得很相像？这究竟是怎么回事呢？

◎ 宠物和主人的长相相似实在不可思议

每当看到有人遛狗散步时，我都会不自觉地比较狗和主人的长相。

如果发现狗狗的样子和主人实在雷同，狗如其主，我都会忍不住噗地笑出声来。读者朋友，你有过类似的经历吗？

常年生活在一起的夫妇，彼此的面容会越来越相似，宠物作为家庭的一员，很可能在潜移默化中和主人越来越像吧。

◎ 纯种的正确率超过60%

美国加利福尼亚大学的迈克尔·罗伊（Michael Roy）邀请了45位（男性21位、女性24位）宠物主人参加实验，让每位主人分别提供一张自己和宠物狗的照片。

收集到这些照片之后，研究人员将其全部打乱并让判定者对狗狗和狗主人进行组合，测试他们能否能将狗和主人成功配对。

调查表明，如果是纯种狗的话，25组中有16组成功地找到了主人，正确率达64%。非纯种狗中20组里只有7组配对正确，准确率只有35%。

以上数据表明，如果仅限纯种狗的话，狗狗和主人确实很相似，非纯种狗和主人的相似度并没有那么高。

◎ 其实是一开始就很相似?

然而，做这项实验的罗伊得出的结论是：虽说狗和主人“相貌相似”，但并不是因为一直生活在一起才“变得相似”。

按照罗伊的解释，主人在最初选择宠物的阶段，会在潜意识里喜欢和自己相似的面孔，进而按照自己的样子挑选宠物。

也就是说一开始的时候就被决定了，这种一见钟情似的选择，成就了所谓的“狗似主人形”。

正如上一节介绍的，夫妻在一起，相貌会出现慢慢“相似起来”的现象；但狗狗的情况似乎是最初就和主人长得很像。

◎ “喜欢自己面孔”的我们

那么说，我们还是喜欢自己的面孔。

你可能会反驳：“不，只是自恋的人才会这样吧。”其实不只是自恋型人士，我觉得所有人都喜欢自己的面孔。所以我们才会下意识地喜欢和自己面容相似的狗狗，才会选择它成为自己的宠物。

对于狗以外的动物可以说也是如此。比如有脸长得像鱼的人，不出意外会喜欢上鱼；长得像马的人，不知为何就容易对马产生感情。尝试着放眼周围，是不是能发现类似的例子呢?

也就是说，人会在不知不觉中被和自己相似的对象所吸引，这点也会反映在挑选宠物或喜欢的动物上。

宠物和主人的相貌相似是因为
最初人们便会选择和自己相像的宠物饲养

04 只是认为“孩子聪明”就会让他们成为好学生吗？

有不少家长都有这样的烦恼：孩子不好好学习，成绩很差，真是棘手。有一个简单的方法可以让这样的孩子在学习上变得积极主动。

◎ 只是认为孩子聪明就能让他们好好学习吗？

假使有个眼下成绩很差的孩子，我们是有可能让他开始发奋图强、努力学习的。你也许会问，那需要什么特别的指导呢？其实并不用。

事实上，如果老师觉得“这孩子真是太聪明了”，那么这个学生是真的会变得越来越用功。出乎意料的是，老师只是心里这样想，学生便会进步。

心理学上称这种不可思议的现象为“皮格马利翁效应”。老师的期待会对学生心理产生潜移默化的影响，使学生取得老师所期望的进步。相反，学生若接受了消极的暗示，则会受到不利的影响。

◎ 期望竟然是有导向性的

皮格马利翁（Pygmalion）是古希腊神话中一位国王的名字。他爱上了一尊女性形象的雕像，并给她取名叫伽拉忒亚

（Galatea）。日夜轮回，年年往复，他对她始终痴心不改，一往情深。没想到这尊雕像的脸颊竟然慢慢有了血色，终有一天伽拉忒亚有了生命，变成了一位人间的女性。后来，皮格马利翁国王和她喜结良缘。

人的期望是可以传递给对方的。

就连雕像都可以感受到他人的期望，更何况是有血肉之躯的我们。因此，被期望者朝着对方所期望的方向发生改变的现象被称作“皮格马利翁效应”。

◎ 皮格马利翁效应的影响无论好坏都会持续很久

荷兰格罗宁根大学的赫斯特·德·波尔（Hester De Boer）用了5年时间对11 000名平均年龄为12岁的学生进行了追踪调查，从实际上确认了皮格马利翁效应。

比如上一任老师对某学生做出了如下的评价：“这个学生在进步”，下一位老师继任之后对这名学生抱有进步的期望。之后该学生的成绩确实越来越好。

皮格马利翁效应即使过了5年也还在持续发生作用。最初只是不断进步，后来也没有倒退回原来的状态。

如果老师对学生说“你们真是笨！”“你们真没用！”诸如此类的话，这些学生可能真的会变得很差。

相反，不管是对什么样的学生，如果老师抱有强烈的信念并且鼓励说“你们定会成为佼佼者的”，学生应该真的可以成为超群出众的优秀人才。

◎ **孩子会按照期待行动**

不只是学校，家庭教育也是如此。父母如果相信自己的孩子“肯定在进步”，孩子会按照期望表现得更好。如果父母觉得孩子“肯定一事无成”，他们很可能长成一样事情都做不好的人。

孩子能敏锐地感受到别人对他们有什么样的期望，然后采取符合期待的行为。

如果我是父亲或者学校的老师，我非常愿意成为一个为了让孩子进步而对他们抱有很大的期望的人。

皮格马利翁效应

孩子会按照期望进步

05 怎么会有美女与野兽式的情侣组合呢？

“好汉没好妻，赖汉娶个娇滴滴”或者“骏马却驮痴汉走，美妻常伴拙夫眠”，这是相当常见的故事了。那究竟为什么会这样呢？

◎ 美女与野兽的组合形成的原因

我们走在街上常会看到这样的画面：特别有魅力的女性竟然和其貌不扬的男性结伴同行。每次看到这样“美女与野兽”般的组合，你可能都会不由自主地疑惑纳闷。

不过，从心理学推测，这位女性的父亲很可能是一位和那个男性感觉相似的人。

我去参加大学学弟的婚礼时，有过类似的经历。即使说恭维话，我那学弟也算不上帅哥（不如说是丑男），但是新娘子是相貌出众、亭亭玉立的美女。

我们站在新郎一侧，看到新娘子的父亲后瞬间都惊呆了，马上就明白了——“原来如此”。新娘的父亲和我那个学弟无论是长相、体形还是身高都一模一样。

当然这个规律并不是100%地适用。心理学的规律和物理学的定律不一样，几乎不存在所谓的100%，最多也就符合50%或60%，例外非常多。

◎ 大多数女性都喜欢父亲?

美国加利福尼亚州立大学的阿伦·米勒（Aaron Miller）邀请32名女大学生参加实验，给她们展示了7名男性的照片，让她们从中选择“自己最理想的恋人”。

然后米勒让受访的大学生按照“最接近自己父亲的顺序”将照片中的男性排序。结果是32人中的17人选择的最理想的恋人都是最接近自己父亲的类型，其中的8人则选择了最不接近自己父亲的类型，剩下的7个人选择的是正当中的照片。

也就是说大约有53%的女性喜欢与自己父亲相似的男人。有趣的是，有25%的人由于讨厌父亲而选择了完全相反的类型。尽管这样，还是可以说多半的女性喜欢与父亲相似的男性。

◎ 喜欢上像自己父亲的男性的理由

女性为什么会喜欢和自己父亲相似的男生呢?

其中的原因是父亲的相貌是自己从小“最亲近、最熟悉的男性的样子”。

女性因为从襁褓时期就一直看父亲的脸，对父亲的相貌最有亲近感。所以和父亲接近的男性有着女性最为习惯、最能让女性放松的外貌。

还有其他研究表明，若父亲结婚较晚，女儿在出生的时候，父亲就有一定的年龄了，这样的女性喜欢“大叔脸”的男性。

可能有人不能理解为什么有些女生不选年轻男性，而中意“熟男”大叔。用非常简单的话来揭示其中的奥秘就是，“熟男”大叔的脸是那些女性熟悉的样子。

爱上和父亲相似的人是因为
父亲的样子是自己最熟悉的

06 异地恋比近距离恋爱更好谈吗?

> 异地恋的情侣肯定都有这样的想法:“要是待在一起的时间更长就好了(或者永远都不要分开)。”但是两个人如果就这么保持异地,感情反而更可能维持下去。

◎ 异地恋的危险性更低吗?

异地恋,顾名思义是相隔两地的恋爱。

异地恋的情侣都想跟对方时时刻刻在一起。

但是如果二人真的缩短了物理距离,团圆的时候其实正是最危险的时刻。为什么这样说呢?因为结束异地的时候,恰恰恋情也最可能随之结束。

◎ 3个月内有三分之一的情侣分手?

可能会有读者纳闷:“啊?结束分处两地的话,不是应该什么问题都迎刃而解了吗?”这些读者或许觉得,两个人互相见不到面的时候,见异思迁的可能性很大,分手的风险很高。

但是现实是异地刚结束之后更加危险。

关于异地恋,美国俄亥俄州立大学的劳拉·斯塔福德(Laura Stafford)对72人进行了调查。结果显示其中的一半被调查者,也就是36人可以成功度过异地时期，终结远距离恋爱，和对方团圆。

我们通常认为，熬过异地恋，重新团聚之后对另一半的感情应该比之前更加浓烈。

然而现实并非如此。

结束异地恋情的情侣中有三分之一的人在团圆后3个月内就分道扬镳了。

为什么会发生这样的事呢？原因有很多。

◎ 距离产生美，幻想美化对方

在异地恋中，情侣无法频繁见面，只会在头脑中想象对方的样子。但是这里潜伏着危险。

问题就是异地情侣很容易在头脑中将对方过度理想化，在自己主观上进行美化。

因此，当异地恋结束，双方可以频繁见面的时候，往往有人会感觉对方不是自己想象的样子："欸？他是这样的人吗？"一方之前主观上将对方理想化，现实中的他却和自己心心念念的那个人大相径庭，于是浪漫的理想破碎，爱慕之心迅速减退。

◎ 保持异地恋更加幸福？

实际见面的时候，双方很可能注意到对方身上令人讨厌的地方。那么既然是实际存在的人，有一点让人反感的地方也是很正常的。

但是异地的时候，情侣仿佛为对方加上了滤镜，注意不到对方身上令人不悦的地方。这可以说是远距离恋爱的优势。但是，结束异地恋之后，双方很容易突然注意到对方身上的缺点。

斯塔福德指出，处于异地恋阶段的实验小组里只有不到25%的人回答“会注意到对方身上的缺点”；但是异地恋结束，双方重聚后的小组中，这个比例增加到了61%。

异地恋结束之时，很多人觉得：“哇，之后终于有很多机会见面了！”实际可能并不那么令人欣喜。也可以说情侣无法频繁见面，会互相美化对方，这个时候反而是幸福的。

异地恋进行时……

很难注意到对方的缺点

容易将对方理想化（美化）

07 男人喜欢年轻的女性是世界共通的吗?

> 研究表明，世界各地的男性普遍都喜欢年轻的女性。相反，女性会喜欢比自己年龄大的男性。

◎ 未婚男性喜欢平均小自己6岁的女性?

如果问男性喜欢的女性类型，大部分人都会列出一条：比自己年轻的女性。

特别是最近，虽然也有人喜欢比自己年长的女性，或喜欢“熟女”，但是绝大多数的男性还是钟情于年轻的女性。

德国马克斯·普朗克研究所的卡尔·格拉默（Karl Grammer）对注册在线约会的1590名男性和1048名女性进行了调查。结果表明未婚男性喜欢比自己平均小6岁的女性，而已婚男士喜欢比自己平均年轻10岁的女性。

◎ 喜欢年轻的女性是普遍的现象吗?

为什么男性喜欢年轻的女性呢？对此有多种解释。

最可能的理由是为了提高传宗接代的可能性。

年轻的女性比年龄大的女性更可能孕育出健康、有活力的宝宝，因此男性潜意识里会喜欢年龄小的女性。

其他的动物也是如此，雄性更钟意年轻的雌性，随着年龄的增长，雌性动物会越来越不受欢迎。

还有一个原因是带年轻的女性出去，男性感觉更有面子，仿佛自己的身份和地位能得到提高。跟年轻的女性在一起，男性相应地认为自己的价值感提升，能满足自尊心。

有些有钱的男性会带着漂亮的年轻女性走在路上装点门面，这可能也是为了提高自己的自尊心。

不管怎样，应该可以说男性喜欢年轻的女性是普遍的“真理”。

◎ 男性和女性的喜好是世界共通的吗?

密歇根大学的戴维·巴斯（David Buss）在世界37个国家发起了关于“喜欢的年龄”的调查，采样范围涵盖4601名男性和5446名女性。

调查的结果是全部的国家都是“男性偏爱年轻的女性”。

但是，我觉得下面的结果展现了一个非常好的平衡：全部国家都是“女性偏爱年长的男性”。男性追求年轻的女性，而女性喜欢年长的男性，可以称得上和谐了。

男女的喜好是世界共通的

08 让你感到亲切的人有共同点吗？

你会对与自己名字相似的人有好感吗？会喜欢和自己生日相关的数字吗？类似“让人产生亲切感”的规律是存在的。

◎ 对和自己姓名相似的人抱有好感？

我们对自己的名字最为熟悉，也抱有最大的好感。这个就是所谓的“人名字母效应”（Name-letter Effect）。

也许是出于这个原因，我们在交友的时候，选择“与自己姓名相似”的人做朋友的可能性很高。

比如我的姓氏是“内藤”，比起“爱川”和“渡边”这样的姓，我会对“内村”和“佐藤”等含有我姓氏汉字的人更有亲近感。

如果说到名字，因为我叫“谊人”，所以更容易对“岳人”“正人”这样的人名抱有亲切感与好感。

◎ 平假名[1]和数字也是一样

美国东密歇根大学的马蒂·瑟高（Mady Segal）表示，朋友的

[1] 平假名是日语中表音文字的一种，由汉字的草书演化而来。现代日语中，平假名除了用来为汉字表音以外，还用作固有词汇和文法助词。

选择与本人的姓名有密切联系。根据调查显示，44.6%的人会选择和自己姓名相似的人做最好的朋友。

也就是可以说，琼斯（Jones）会更容易和詹姆斯（James）或者杰（Jay）做朋友。

日本京都大学教授北山忍也肯定了人们喜欢自己的姓名这种说法。

如果逐个问你对45个平假名的喜恶程度，相比自己名字中不包含的那些平假名，我们会更加偏爱自己名字中所包含的平假名。

我的姓名内藤谊人用平假名写出来是“な（na）”“い（i）”“と（to）”“う（u）”“よ（yo）”“し（shi）”“ひ（hi）”“と（to）”，也就是说我理应喜欢这8个平假名，我想恐怕读者朋友们也会喜欢自己名字中所包含的平假名。

此外，北山教授还点明了个人的生日会影响我们对数字的好恶。

比如我的生日是6月12日，也就是说跟其他的数字相比，我会对“6”和“12”更有好感。

◎ 和自己名字相近的人更容易来往吗？

如果知道这个规律，在交朋友的时候，可能会稍微方便一些。

因为跟自己名字非常相似的人也更容易对我们抱有好感，所以，如果努力和这样的人处好关系就会事半功倍。我觉得跟他们相处会比和自己名字完全不像的人交往更加轻松。

当然名字归名字，在实际相处和谈话中还是要看其他方面。如果性情相投，要成为朋友就完全不成问题。

这里介绍的始终是小知识，但是我觉得各位知道的话也会有用武之地。

人名字母效应

我们会对与自己名字和生日有关联的事物感到亲切

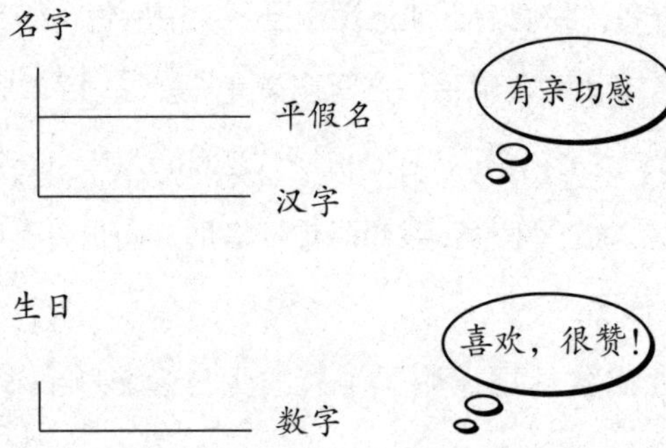

09 近水楼台先得月？从周围人中找恋爱对象更容易吗？

对有的人我们时而感到亲近，时而又渐行渐远，感情就是这么不可捉摸。但是仔细想想，这好像是受“物理距离”的影响。

◎ 我们会喜欢近在身边的人？

和我们交往最密切的人，就是左邻右舍。

虽然我与学生时代的朋友还有联系，但是彼此住得远了之后，没办法频繁见面，因此不管怎么努力，彼此的感情还是无可避免地变得疏远淡漠。

相反，我们容易对住在附近的人抱有好感。

◎ 物理距离决定心理距离

美国加利福尼亚大学的埃贝·埃布森（Ebbe Ebbesen）就“你最喜欢的人是什么样的？”的话题发起了调查。约62%的人回答了住在自己附近的人，只有为数不多的人列出了跟自己分隔两地的人。

在公司也是，和我们关系好的人不就是在同一楼层、同一办公室，甚至相邻办公桌，或就在旁边办公的人吗？我想我们和不同部门、不同楼层的人之间来往并没有那么密切。

也就是说物理距离决定了我们跟对方的心理距离。

◎ 受物理距离影响的“博萨德法则”

我们对物理距离近的人更容易抱有好感，天各一方的人无论怎么努力，都有疏远感。

这个现象和一个有趣的恋爱法则有关。该法则是美国心理学家詹姆斯·博萨德（James Bossard）发现的。根据他的调查，住得越近的人越容易相恋和结婚，心理学上将其称为“博萨德法则”。

博萨德曾对5000对已经订婚的情侣进行调查，其中33%的情侣居住在5千米以内的地方。5千米是不用坐公交车，步行也能到达的距离。也就是说三分之一的情侣是彼此身边的人。

◎ 先试着拉近物理距离

在过去的日本，大部分人都和住在同一个城镇的人结婚。这也是情理之中的事情。但是近期和远距离的人结婚的例子也屡见不鲜，跨国婚姻也在相应增多，这和过去已经大不相同。

住得越近，见面机会越多；见面越多，越容易增进感情。

如果读者朋友心中有那个你想让关系更进一步的人，不妨搬到“Ta”附近生活。

你可能觉得这是戏言和玩笑，但是若双方生活在同一个城市、同一栋公寓，和对方的交集相应就会增加，那么就有充分的机会擦出恋爱的火花。

博萨德法则

住得越近的人，越容易恋爱和结婚

第二章

动力与压力的心理学

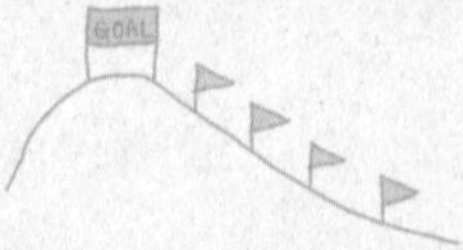

10 养成新习惯的关键期是前两周吗?

减肥、运动、戒烟……虽说要努力培养全新的习惯，但是想必很多人都经历过挫折吧？其实最困难的只有刚开始的两周。

◎ 将行动变成习惯最快也需要2～3周?

让我们想一想迄今为止自己还没有开始做、但是想养成习惯的事情，比如每天慢跑2千米，或者饭后必须刷牙等。

培养一个新习惯，让自己脱胎换骨究竟需要多长时间呢？我们要花多大的精力，才能不觉得在努力，也不用和自己斗争，而是让习惯自动驱使我们行动呢？

英国伦敦大学的健康心理学家费莉帕・勒理（Phillippa Lally）曾做过相关实验，旨在找出一个习惯的养成到底需要多长时间。根据她的研究，习惯养成的时间跨度相差很大，快的人需要18天，慢的人则需要254天。

也就是说，快的话需要2~3周可以将行动变成习惯。

◎ 最初的两周最辛苦

比如要养成在健身房锻炼身体的习惯，其实最难的就是一开始的两周。在这段时间内你是不是总想放弃呢？

但是如果能跨越这个艰难的时期，就可以将锻炼身体这个行为变成习惯。一旦养成了这个习惯，情况就正好相反，如果哪天不锻炼身体，就会感觉浑身不自在，坐立不安。

刷牙这个习惯也是如此，对于已经有这个习惯的人来说，如果不刷牙会感觉十分难受，无论怎么样都要刷一刷才舒服。

觉得麻烦费事也好，不想做也好，这些心理的痛苦我们最多需要忍受两周左右，所以加油坚持这段时间吧。

◎ “三天打鱼两天晒网”是不行的

对于小孩子学习来说也是这样。完全不学习的小朋友，在椅子上连半小时都坐不稳，但是如果坚持两周，学习这件事就不再是煎熬了。

根据勒理的研究，要将行动变成习惯的话，最初不能休息，必须一以贯之地坚持下去才可以。“三天打鱼两天晒网”这种做法是很难将行动变成习惯的。不要停下来，要坚持下去，在习惯养成之前不能放纵自己。

尽管最开始的3天非常努力，但是之后的2天就休息放松，这种做法要想培养习惯非常耗时，甚至需要延长到200天以上才能将行为变成习惯，因此反倒更麻烦费事。

总之，最开始的两个星期不要放纵自己，即使再讨厌也请坚持下去。这样才能尽早养成习惯。

一旦养成习惯，就不需要再刻意强迫自己了，身体会自然地随着习惯而行动。

不管是减肥、戒烟、运动，还是饮食习惯的改变，总之最初是最辛苦的，这个阶段不要放弃，集中精力、全力以赴是关键。

最初的两周时间最困难，所以要加油不放弃
“三天打鱼两天晒网”是不行的

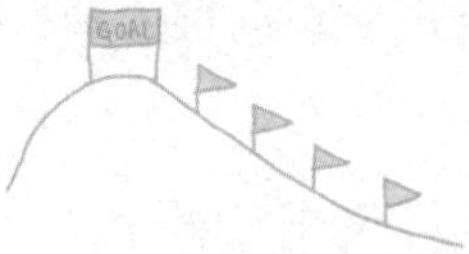

11 实现过高的梦想或目标有诀窍吗?

虽然心中怀有远大的梦想或目标，但是认为“我可能做不到”,干脆就放弃算了，这样的事情屡见不鲜。让自己觉得“无论如何都可以做到”是调动积极性的秘诀。

◎ 目标过大的话就没有动力

日本北海道札幌农学校的首任校长威廉·史密斯·克拉克博士（William Smith Clark）留下了“少年要胸怀大志”这样的豪言壮语。笔者也认为树立远大的理想，制定高远的目标是非常重要的。

但是，读者朋友应该都知道，若目标过高，人就没有动力。

“想做的事情虽多，但是我做不到啊！”

“能完成的话当然好，但是估计不可能，还是放弃吧……”

目标过高的话，会让我们心生畏惧，轻易放弃。因为胸怀远大目标是需要付出艰辛努力的。

◎ 将大目标分割成“可以达到的小目标”

当认为“目标过高而遥不可及”的时候，我们就会失去奋斗的动力。

但是要怎么做才能提高积极性，朝着目标的方向前进呢？简单地说，就是要将大目标分解成小目标并逐一实现。制定的小目标需要让我们感觉“想方设法就能实现！”

诀窍是在每次完成小目标的时候，都要制定下一个更高的目标，以便实现最终的大目标。

为什么我们面对小目标会更有动力呢？因为我们认为只要稍微努力一点就可以完成这个目标，对于“不可能”实现的事情我们是不愿费力挑战的。当自己觉得“无论如何都可以完成”的时候，才会有积极性。

◎ 秘诀是要善于调节目标

美国斯坦福大学的阿尔伯特·班杜拉（Albert Bandura）曾召集了一些7~10岁的孩子并给他们布置数学题。

他对其中一部分孩子说：“请做完258页中所有的练习题！”258页可真是个大目标。

与此同时，他将这个目标分解成小目标，并告诉另一组的孩子“每天至少做6页，这样大概40天就可以完成了”。

那么，有多少孩子最后能把他布置的练习题全部做完呢？

制定了宏大目标的那组有55%的孩子完成了全部的258页作业。大约有一半的孩子中途没有跟上进度。

但是分解成小目标的那组有74%的孩子都完成了任务，近四分之三的人都坚持到了最后。

抱有远大目标和梦想是好事，但是当你感到“力不从心”的时候，请尝试将这个目标分解成若干小目标。

小目标让你感觉“这个任务我无论如何都能完成”。因此可以说，善于分解目标是成功实现目标的诀窍。

实现大目标的关键是
将其分解成小目标并各个击破

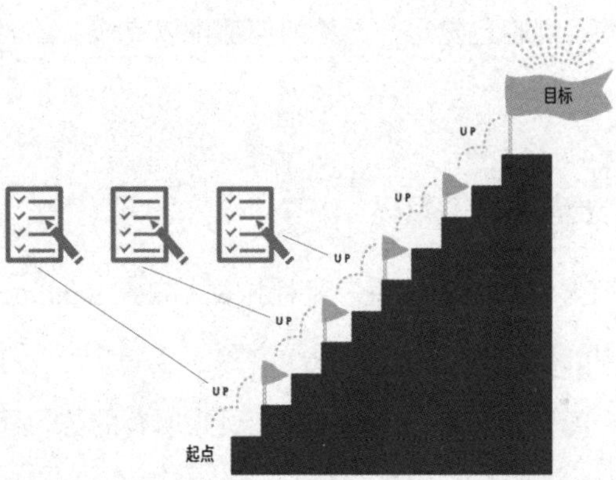

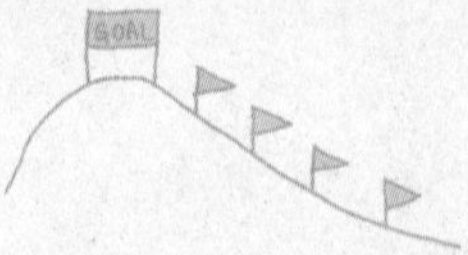

12 经历失败比顺风顺水更好吗？

> 我们在顺风顺水的时候，会沉溺于乐观中，不会去考虑“这样做真的好吗？这样没关系吗？”这种缺乏自我反省的状态是非常危险的。

◎ 失败乃成功之母

无论是考试、求职还是工作，都是如此，失败这件事本身完全不是问题。失败与中途进展顺利相比，反而益处更多。

为什么失败是好事呢？

因为经历失败的话，我们会不由自主地进行反省。

是啊，不经历失败就不会进行反省，就不会有改善自我的想法。在现实中若诸事顺利，我们也不会产生要改变自己的念头。

失败的人会进行反省：

“可恶，要再努力点就好了！”

“要是再这样多做点该多好，好后悔啊！”

有了上述的感受，我们就会从失败中找教训，想方设法改善自己还欠缺的地方。这样从长远来看，失败是朝着正面方向的发展，是渐入佳境的第一步。

◎ 中间进展顺利的话，不会进行反省

美国圣母大学的苏珊娜·纳斯科（Suzanne Nasco）曾做过实验，让293名大学生在一个月内参加两次考试。

实验表明，第一次考试遭遇滑铁卢的人普遍在第二次考试中取得了好成绩。这些人进行过深刻的自我反省，知道“这样下去不行”，所以在第二次考试前非常努力。

然而在第一次考试中取得好成绩的人会变得盲目乐观，觉得“天哪，我就算没怎么准备也可以考得不错哟”，结果是大部分人在第二次考试中成绩非常糟糕。

◎ 磨难都是营养，要主动寻求失败吗?

常言道“失败乃成功之母”，失败并不绝对是坏事。因为我们在失败基础上会奋发图强，期待下次做到更好。

人在进展顺利的时候是不会进行反省的，因为没有反省的必要。这样的状态其实极其危险，因为面对将来没有提前做任何准备。

顺风顺水的时候，如果有人可以进行自我反省，真的是很宝贵的。当然，也没有必要故意失败，专门通过经历挫败和失意来取经。但是笔者认为，可以在顺境中进行自我反省，能“欲思其成，必虑其败”的人很少。

失败的时候，人会意志消沉、悔恨交加，或者大失所望，但是我们可以不把失败看作是失败，而是当作“机遇”。待将来成功之

后，再回首当初一两次失败的经历，都会付诸笑谈。

上了年纪的人经常说“失败是最好的营养品”，其中的含义不言而喻。正因为失败，我们才能进行反省、改进自己，因此失败是前进的原动力。

失败是“机遇”！

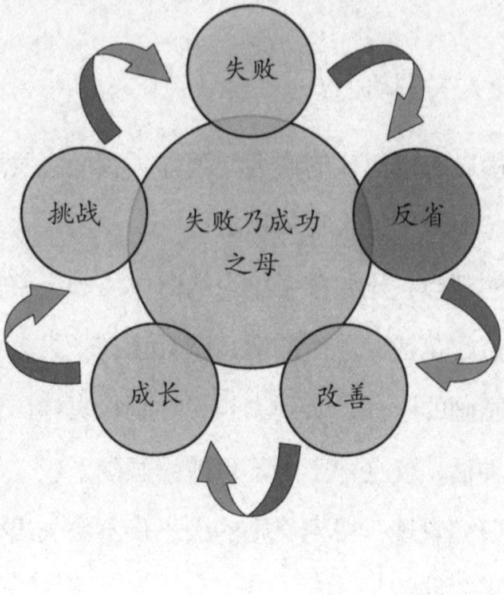

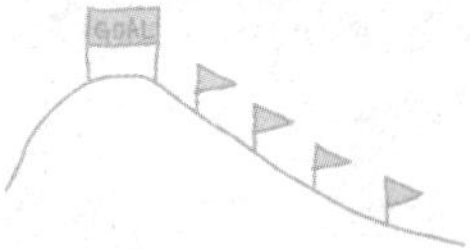

13 激发动力需要奖励吗?

> 能激发我们持久动力的必需品，那就是“奖励”。过去心理学的观点是报酬会削弱人们的积极性，但是如今的研究结论与此恰恰相反。

◎ 奖赏让人失去动力?

如果阅读稍微有点年代的心理学著作，我们会发现当时的观点是“奖赏”或“报酬”让人丧失积极性。

按照当时的观点，比如孩子学习的时候，如果家长说“真用功啊，来，给你点零花钱”之类的话，就会让孩子失去学习的动力。或者小朋友在画画的时候，听到家长说“画得真棒！这么努力，给你点心吃”这种话，便会停下来不再继续画画了。

但是最近研究发现，得到奖励的人不仅不会失去干劲，他们的积极性反而会更加高涨。

◎ 为了奖赏而努力?

美国特拉华大学的罗伯特·艾森伯格（Robert Eisenberger）调查了约300名五年级或六年级的小学生。他用零花钱作为报酬，让孩子们完成绘画的作业。实验表明没有一个孩子因为收到钱而丧失绘画动力，无法画出具有创造性的画。

反倒是为了得到努力的奖励，他们会跃跃欲试，全神贯注地绘画。

仔细想想这也是理所当然的事情，趋利是人的本性，每个人面对利益时都很会精打细算。

正因为知道能得到奖励才会非常努力，相反，如果没有奖赏，人是不会持续努力的。

◎ **海豚表演杂技也要看饲养员的奖励**

训练海豚表演杂技的时候也是如此，海豚正因为知道水上跳高可以得到食物才会去做。如果跳了多次既没有得到食物，也没有得到饲养员的鼓励，它们是不会没头没脑地跳起来的。

工作也是一样。

确实也有这样的人，他们觉得自己的工作很有意思，即使工资少一点，他们工作起来依然满腔热忱。

但是如果跟他们说“一点工资都发不了，完全无偿义务工作吧”，想必他们也会非常纠结，丧失工作动力。

◎ 人并没有那么努力

报酬无论是钱、奖状还是言语上的赞美，都是可以的。总而言之，若没有丰厚的奖励，人是不会那么拼命努力的。

当我们要全力以赴、埋头苦干，却没有动力的时候，可以先给自己设定奖励，暗自约定好：“再努力坚持一下，就可以得到这个奖赏哟。”总之，为了持续努力，准备好奖励才是关键。

14 “什么都替对方做”会让人变得消极吗?

> 面对老人或孩子，很多人是不是经常在不知不觉中帮他们把什么事都做了？你可能觉得这是爱的表现，实际这种行为却值得商榷。

◎ 什么都帮对方做并不是爱

上了年纪之后，谁都会丧失对生活的控制感，身体变得越来越不灵活。面对这样的老年人，过度地给予他们无微不至的照顾却不一定是好事。

不管怎样，什么都替老年人做并不是爱的表现。

◎ “放手”会让对方精神百倍

关于这点有数据证明，下面就跟大家分享一下。

美国耶鲁大学的朱迪斯·罗丁（Judith Rodin）在养老院进行了一个实验。本来养老院的管理人员会替老年人打理所有的事情：从帮他们穿衣服、准备饭菜，到打扫房间和入浴洗澡，全部包办。

但是罗丁在实验中将护工平时做的事情都交给了养老院的老年人自己完成。

当然，那些老人们力所不及的事情还是会由养老院的工作人员协助完成。但是老年人自己力所能及的事情，工作人员会不断交给他们自己完成：“还请给植物浇水啊”“还请帮忙打扫浴室啊”。

那么18个月之后情况怎样呢？养老院中的老年人比以前更有活力，更精神了。

老人们之前什么事都不需要亲力亲为，每天就坐着看看电视。如今他们能积极地去花园锻炼、在地里种植蔬菜、打扫房间。

此外他们交际也增多，会和其他人有更多的交流；而在这之前，老人们在走廊上见面时只会互相寒暄一下。

更令人不可思议的是，这项实验开始前养老院年平均死亡率为25%，实验后竟然下降到了15%。

◎ 自己承担才是爱

面对老年人或行动有些不便的人，如果什么事都替他们做，对他们本身其实并不是好事。

不如将他们自己力所能及的事情都放手让他们做，这也是所谓的爱。

在教育孩子方面也是这样。

虽然孩子是心肝宝贝，但是若父母什么事都为他们做的话，是非常有待商榷的。我可以理解父母为孩子代劳的心，但是这样的结果并不是为孩子好。家长如果连一点芝麻绿豆的小事都要替孩子完成，让他们衣来伸手、饭来张口，孩子会丧失自理能力，变得越来越无精打采。

我觉得可以稍微把孩子推开一点，懂得适当放手，记住严中有爱，爱中要严。

在职场也是如此，该下属做的事情如果领导全部帮忙做了，下属永远没办法成长，也会丧失工作积极性。

现实中有很多这样的例子，将对方力所能及的事情逐渐交给他们自己做，才是真的为他们好。

什么是真正的“爱”？

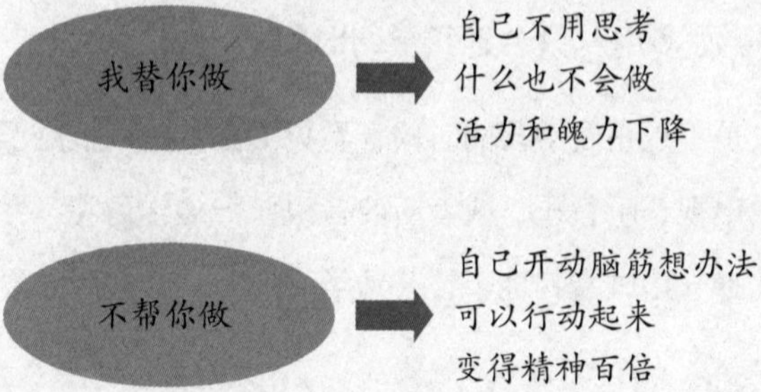

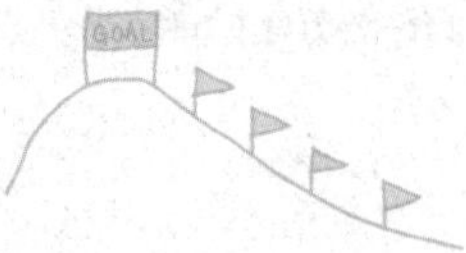

15 学习时一心多用为什么效率低呢?

学习学腻了，不由自主会一边看起电视，或者一边听音乐，一边学习，我们都有过这样的经验。但是短时间内集中精力才是提高学习效率的窍门。

◎ “一心多用”只会延长学习时间

很多人是不是正要学习的时候，看见书桌就厌烦抵触了，所以干脆一边看电视、听音乐，或者听收音机，一边学习呢?

那么这种一边做着其他事，一边学习的方式，实际效果究竟如何呢?

我直接告诉大家结论吧，那就是非常不提倡这种一心多用的方式。

这样做的确可能会延长学习时间，但是“学习时间增多”，并不代表用功学习的内容都会进入大脑。正好相反，一心多用会使注意力分散，学习效率降低。

◎ “一边看电视一边学习”效率最低

荷兰莱顿大学的玛丽娜·普尔（Marina Pool）曾做过这样的实验，她给160名高中生布置了作业并对他们完成所需的时间进行记录。普尔将高中生分成4个小组，并分别让其中的3个小组在写作业时做别的事情。测试的结果如下：

▼条件	▼完成作业所用的时间
一边看电视剧，一边写作业	40.43分
一边看音乐视频，一边写作业	35.03分
一边听收音机，一边写作业	36.05分
专心写作业	33.08分

如上所示，最早完成作业的是最后一个没有一心多用的小组。用时最长的是一边看电视一边完成作业的小组。

学习的时候看电视，注意力无论如何也会被电视吸引，很难集中，因此耗时最长。

◎ 只是“打算学习”是不够的

可能有人会说：“我要是一边看电视一边学习的话，学六七个小时也没问题。”这是因无法集中注意力，只能长时间学习而已。也就是说，只是“打算学习”并不是真正的学习。

因为学习效率和学习时间并不成正比，所以只是单纯地增加学习时间是没有太大意义的。还请摒弃一心多用这种方式，集中注意力埋头学习一个小时左右就停下来，反而更能学到知识。

目不能两视而明，耳不能两听而聪。总之在学习的时候，尽量在短时间内绝对地集中精力，全力以赴，千万不要一心多用。

一心多用

无法集中注意力
效率低下

短时间集中精力

学习一小时左右后休息
反而更能学到知识

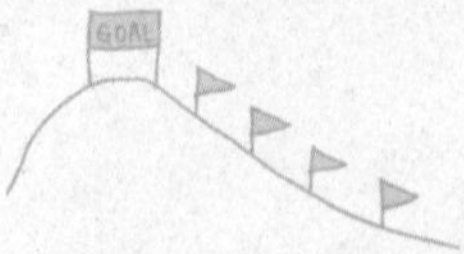

16 有巧妙应对压力的心理技巧吗?

我觉得完全没有压力的人寥寥无几。面对压力，我们之中有的人可以从容应对，而有的人则束手无策。其实要减轻压力是有可以灵活运用的心理技巧的。

◎ 造成压力的事情是无法回避的

在日常生活中，谁都会经常碰到让人心情烦躁、“压力山大”的事情。在此我想试着探讨一下尽可能减轻这些压力的心理技巧。

正如上面小标题所写的，不管我们如何回避，都无法彻底逃避引起压力的事件。提前认清这点是非常重要的。

所谓压得人喘不过气的事情是无论如何都会发生的。因此，从最初我们就要想：“会发生这样的事是很正常的。”

如果预先想到“肯定有压力”，我们就可以提前做好思想准备。只要预先做好思想准备，即使实际中碰到各种烦心事，也能够轻而易举地化解。

举个例子，如果突然有人击打我们的小腹，谁都会疼痛难忍。但若是预先把肚子憋足气，再被打就不会那么疼了。这与事先为缓解压力做准备如出一辙，有了思想准备，我们就能轻松应对。

◎ “压力预期”是关键

在压力发生之前，先对压力事件进行思考和预测的行为被称作“压力预期”。若能事先进行压力预期，就不会感觉那么煎熬焦躁。

例如在工作期间总有电话打进来，不停地打断你手头的工作。但如果你把工作中有人打进来电话看作是自然会发生、特别正常的事情，那么即使再有电话干扰，也在你的意料之中，你就不会感到那么烦心了。“你瞧，果然又有电话来打扰了”，你便可以从容应对。

又如上级对你一向要求严苛，你若做好“不被表扬是常态”的思想准备，再被上司责备，也可以轻松应对。“啊，他就是这样的性格”，就不会把他的话刻意放在心上。

如上所述，若是先对压力进行预期，就不会感到“泰山压顶”了。

所以，我们不妨把压力看作是生活中的家常便饭。

◎ 思考如何应对压力，让心态更上一层楼

美国杜克大学的安德鲁·卡彤（Andrew Carton）做了一项需要专注力的实验，他让70名大学生在读某篇文章的过程中寻找以字母A开头的单词，并用线将该单词划掉。

其中一半的学生被提前告知：在阅读过程中会有监督员打扰他们，所以这些学生可以事先对引起压力的事件进行预期。剩下

的半数学生则没有得到事先告知，不知道在阅读过程中会有人突然打扰。

结果学生们集中精力埋头阅读能发现多少个指定单词呢？卡彤查阅了用线划掉的单词后发现，进行压力预期的小组平均找到了144.11个单词，而没有思想准备、突然被打扰的小组平均只找到了125.84个词。

如上所述，也就是事先做好“会有压力事件”的精神准备，学生实际感到的压力会小很多，也可以更专心地工作。

所以我们事先需要考虑的不是“讨厌的事千万别发生”，而是“讨厌的事绝对会发生的”“发生的时候我要这样处理”，这才是应对的秘诀。请大家一定要尝试记住这点。

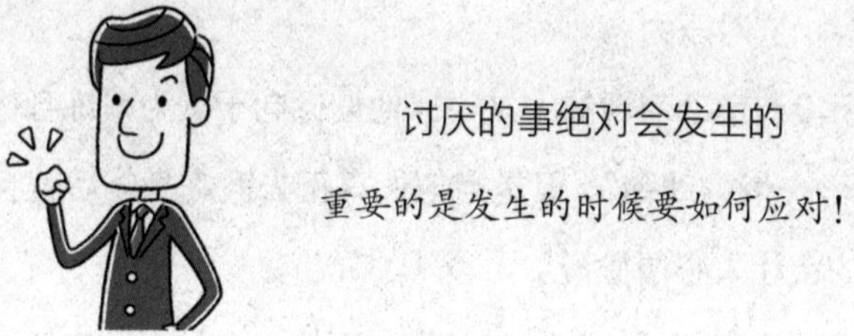

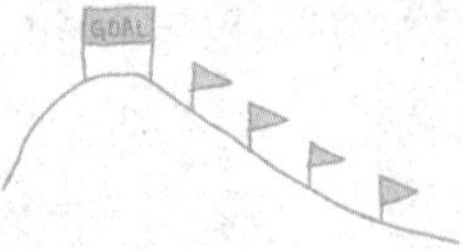

17 想增强“压力耐受性”的人要马上开始运动吗?

在上一节中我们介绍了如何巧妙应对压力，这一节将教给大家有效释放压力的方法。大家都可以轻松做到。

◎ 有效释放压力的人具备的共同点

在这个世界上有容易积攒压力的人，也有能巧妙发泄压力的人。我们观察后者会发现他们有一个共同点，那就是都有运动的习惯。

越是平时每天都散步或慢跑一下的人，越是几乎感觉不到压力或者能轻松应对压力。

对于没有运动习惯的人来说，他们倾向于认为锻炼身体“太麻烦”，自己“懒得动弹”。但是当他们真正去锻炼身体后就会明白，运动真的会让人心情愉悦。

其实，只有刚开始的时候会觉得麻烦，一旦下定决心尝试运动之后，就会发现“咦，不知怎么感觉好开心啊”。

请读者一定要试着开始运动。

◎ 运动的心理效果

美国新奥尔良大学的兰妮特·希尔维斯特（Lynette

Silvestri）调查了一些21~65岁的男性，旨在探究运动会产生怎样的心理效果。

结果是，70%的受访者表示“运动能减轻压力”。做运动有助于舒缓压力的心理效果不言自明。

此外，47%的受访者回答“运动之后会感觉轻松”。可能有人认为运动“只会感觉疲劳”，现实却正好相反，运动使人放松，让人心情舒畅。

另一方面，还有数据表明没有运动习惯的人很容易变得悲观。

不运动的人倾向于一直思考沉重忧郁、悲观讨厌的事情，所以心情经常处于低落状态。相反，我们知道有运动习惯的人更容易把事物往积极乐观的方向去想。

不可思议的是，运动之后，人很少会考虑悲观的事情。

◎ 运动不仅锻炼身体，更有益心灵?

做运动不仅有强健体魄的功效，而且我觉得更有益于心理健康。

如果养成运动的习惯，就不会因一点小事而心情低落，更善于往阳光正面的方向思考：“没什么，下次会更好的！”即使偶尔跟他人有摩擦和不愉快，也能很快地释然。

也就是说，运动能增强压力耐受性。

通过运动提高压力耐受性

运动的人

○减轻压力
○得到放松

不运动的人

×只考虑烦恼的事
×容易心情低落

18 有瞬间化消极为积极的方法吗?

这里是压力系列的第三弹。本节会介绍如何将讨厌的事情“曲解”成正面的想法。如果可以拥有这种“精神胜利法”,压力甚至可能变成幸福。

◎ 换个角度思考问题

只靠换角度思考就可以把充满压力的事情变得全无负担。无论是多么悲惨的事,只要尝试转变想法,就能举重若轻,甚至萌生出感恩的心情。

比如有个上级对你极端严厉。

但这位领导面对其他同事温和很多,从不会严苛地发号施令。为什么他对你总是吹毛求疵呢?

不要抓着这位上级故意找茬的负面情绪不放,如果我们用“阿Q精神”将其转换成正面思维会是什么样的呢?

“面对我这样跟他非亲非故的人,他竟然能给出如此热心的指导!”

“领导不是讨厌我,而是对我抱有很大的期望!”

如果能这样思考,当再面对领导发难时就不会感到有压力了,是不是甚至还会有点欣喜和感激之情呢?

当你有“真烦人”这种感觉时，关键是把思维方式转变为“不胜感激”。在情绪变得稍微有点消极的时候，马上将思维转到积极的方向上。

◎ 往积极的方向解释

美国田纳西大学的叶林·欧玛拉（Erin O’Mara）4年间追踪调查了82对新婚夫妇。根据她的研究，越是关系好的夫妻，越能将对方的行为朝积极的方向解释。就算充满压力的事情也能全部积极接纳。

例如，爱人做的料理味道稍微淡了些，另外一方不是去想“这个人真不会做饭”，而是会考虑“他为了我的健康着想才控制盐分，真是难得呀！”越是这样思考的人，婚姻生活越是美满。

压力是非常主观的。

如果自己没有感觉到不舒服和讨厌，这件事对我们来说就不会构成压力。

如果不想被压力折磨得喘不过气，就转变自己的思维让自己感觉不到这件事是压力。也就是说，无论何时都可以把思维朝积极的方向转换然后欣然接纳。

◎ 压力甚至可以转换成幸福？

无论我们处在多严苛的情况下，如果能将其视为是对心态的修炼，就能“卒（猝）然临之而不惊”。

假如公司将不合情理的工作量强加给你，如果你能想成这是对自己能力的考验，便可以坦然面对。

人具备通过转变思维方式，从而化痛苦为幸福的特殊能力。

登山和马拉松就是很好的例子。

在山路中负重穿行十几千米，我们哪怕只是设身处地想一下身负重担的状态，也会觉得特别痛苦，但是有人甘之如饴、乐此不疲，很可能就是因为后者善于在头脑中化消极为积极。

思维决定幸福

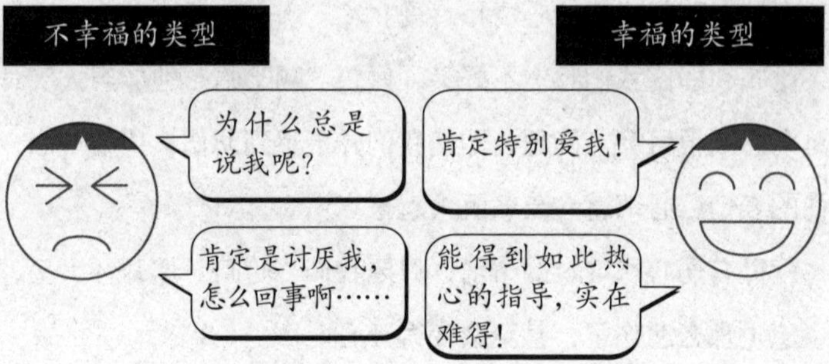

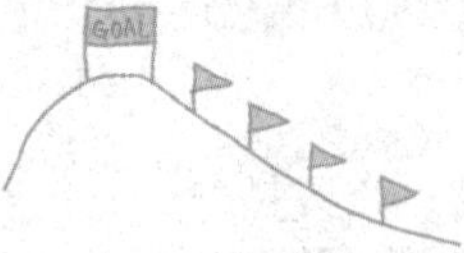

19 遇事首先笑一笑有效果吗？

对意志消沉的人说“笑一笑没什么大不了”是需要勇气的，很可能对方会生气地说：“你在取笑我吗？”事实上尽管很难做到，但是笑一笑真的可以让人心情舒畅。

◎ 表情影响情感

表情影响着我们的心情和感受。

比如，即使我们感觉不好笑，只要“啊哈哈”地放声大笑，便会莫名感到很可笑。同理，即使我们并不感到悲伤，只要装出一副哀伤的表情，心情就会莫名沉痛起来。

就算有伤心和难过的事情，只要我们“哈哈”地开怀大笑，就不会感觉那么悲伤了，甚至会变得开心。

在感觉到压力的时候，不妨开导自己：“我已经那么难受了，笑出来吧！”然后请发自内心地笑一笑。这样做可以非常有效地让压力烟消云散。

◎ 闭上眼睛放松是不能减轻压力的

美国宾夕法尼亚州阿勒格尼学院的埃米·丹泽尔（Amy Danzer）调查了38名女大学生，旨在研究怎么做最能减轻压力。

丹泽尔比较了听笑话磁带、听地质学课程的磁带和什么都不做安静放松这三种方式的减压效果，结果表明只听笑话磁带就可以减轻压力。

在笑的时候，我们会产生快乐感，心情变得愉快轻松，因此压力减轻。

实验证明闭上眼睛默默放松这种方式无法减压，重要的是要主动积极地笑出来。即使坚持不了太长时间也没关系，1分钟的时间足以充分减轻压力。

◎ “强颜欢笑”也有明显效果

美国新泽西州菲尔莱狄更斯大学的查尔斯·诺伊霍夫（Charles Neuhoff）做过一个实验，他召集了一些21～43岁的人并让他们刻意放声大笑1分钟。1分钟后，所有参加实验的人都感觉很愉快。只需1分钟就能让心情变好，这个方法可以说特别简单。

比如在和雇主签合同前被解约，或者拜访客户忘记带重要的文件资料等压力面前，不妨尝试在洗手间等独立空间内“哈哈”笑出来。这样做就不会情绪低落、垂头丧气了，可以更好地应对不利的局面。

第三章

街头巷尾的心理学

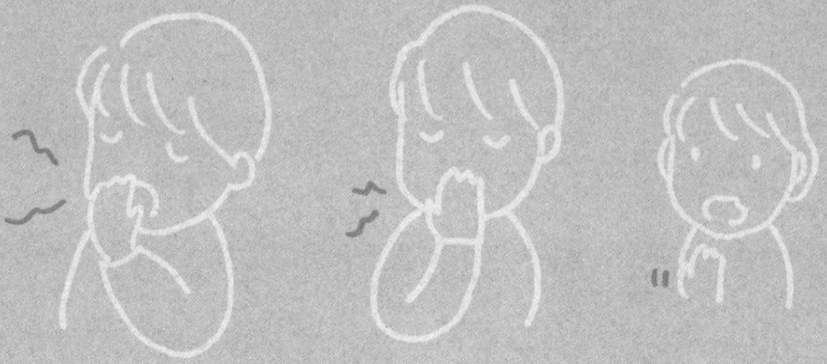

20 为什么让人惊声尖叫的游乐设施总是很受欢迎呢?

说到主题公园里一定会有的游乐设施，当数云霄飞车和鬼屋，二者的共同点都是非常恐怖刺激。那它们为什么会如此受人欢迎呢?

◎ 原因是特意想体验惊悚感?

大部分主题公园都有让人惊声尖叫的游乐设施。为什么有人不惜特意体验惊悚而畅玩这类设施呢?

另外，鬼屋等地方也能提升恐惧感和焦虑感。既然这样，为什么还有那么多人喜欢鬼屋呢?

其中的原因是他们想感受兴奋和刺激。

其实越能感觉到不安和紧张，从这种状态中解放出来的时候，越是能体验到极度的兴奋。这在心理学上被称作“逆转理论”（也作“反转理论”）。焦虑、紧张的情绪会突然逆转为兴奋、刺激。

反过来说，让人一点也感觉不到焦虑和紧张的游乐设施，也就完全无法带来兴奋和刺激的感觉。

◎ 渴望感受兴奋

法国兰斯大学的法比安·勒格朗（Fabien Legrand）在某个主题公园中对准备体验惊声尖叫游乐设施的乘客进行了焦虑测试，以及体验之后的兴奋度测试。

结果显示，乘坐之前的焦虑感越强，体验之后的快感和兴奋感也会越强。总而言之，喜欢坐惊声尖叫游乐设施的人不是要“体验惊悚”，而是为了“感受兴奋”才去玩这些项目的。

若没有惊悚和恐惧的感觉，也就无法体验到兴奋和刺激。

胆小的人或许会羡慕那些无所畏惧的人。但是，无所畏惧的人，也很难体验到兴奋和喜悦。换而言之，无所畏惧的人也是无法享受快乐的人。所以没有必要羡慕他们。

◎ 追求焦虑和紧张并不是坏事

我非常不擅长在演讲会等场合当众发表讲话。尽管如此，我却并不讨厌演讲会。因为我比较胆小，每次需要讲话的几天前，我就开始特别紧张，但是当演讲会结束之后，我都能体会到一种无法形容的轻松和爽快，因此我并不反感这些场合。

因为焦虑和紧张会逆转为兴奋，所以投入到高度焦虑和紧张的状态中并非坏事。

对于那些和异性聊天时极度紧张的人，他们是不是只和对方讲几句话就会非常兴奋呢？至少当事人会特别高兴。

而那些和异性聊天习以为常，一点都不会焦虑和紧张的人，也就无法感受到这方面的开心和兴奋。

所以按照这种想法，容易感觉到焦虑和紧张的人，更能体会到喜悦和幸福，这也是一种幸运。

逆转理论

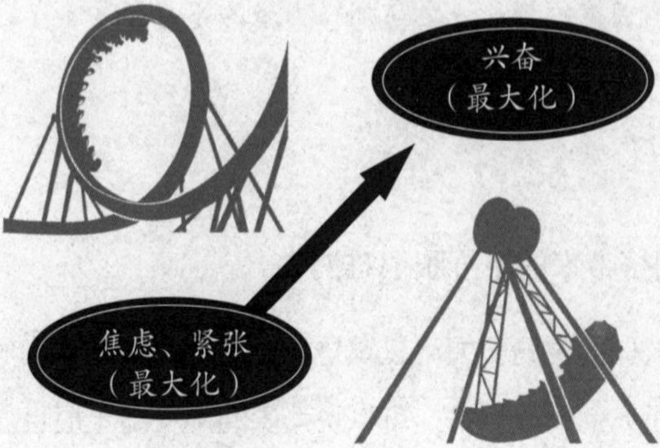

不是要“体验惊悚”
而是想“感受兴奋”

21 拥挤感一直残存会让人心情烦躁？

每逢周末或长假，主题公园和景点简直人满为患，连高速公路上也堵得水泄不通、寸步难行。即使我们之后进入到不拥挤的场所，之前拥挤带来的不舒服是不是还挥之不去，让你心情烦躁呢？

◎ 拥挤带来的不舒服很难消失

最有人气的主题公园可以说是迪士尼度假区，迪士尼最关心的问题恐怕是如何消除拥挤。可以说美国的华特迪士尼世界度假区从开放以来，面临的最头痛的问题就是游客爆棚、人满为患。

为什么消除拥挤这么重要呢？因为拥挤引起的不舒服会持续很长一段时间。这就是所谓的“延滞效应”（Carry-over Effect）。

这种“总觉得不开心”“不知为何心烦”的感觉不会马上消失。比如，即使后来安排了愉快的活动，受之前拥挤产生的负面情绪的影响，自己也无法安心享受这场难得的活动。

读者朋友，你在寒暑假或连休去旅行的时候，是否有过被卷入堵车的洪流而心生不快的经历呢？在堵车中心急火燎，即使后来到了目的地，也无法开心地游玩，你有过这样的体验吗？这就是延滞效应。

◎ 即使现实中并不拥挤，拥挤感也会如影随形

美国北卡罗来纳州立大学的凯瑟琳·阿德瑞克（Kathleen Andereck）在卡罗来纳州的国立纪念馆做了一项调查。

这所国立纪念馆位于一座岛上，参观者必须坐30分钟的船才能到达所在岛屿。但是某些时间段游客爆棚，船上极度拥挤。乘坐这样拥挤不堪的船登岛参观的游客，即使到了纪念馆，也无法开心地游览。

其实，纪念馆里面并不拥挤。但是游客之前乘坐了拥挤的船，到达目的地之后的一段时间还会持续有拥挤的感觉。

◎ 杂乱无章的场合需要注意

我认为饭店也是这样，入口处如果拥挤混乱的话，即使店内比较空旷整洁，也会给人一种“杂乱无章”的感觉，当然人们对这家店的印象也会大打折扣。

秩序感让人感到心旷神怡，所以入口附近要尽可能地保持宽敞干净，比如用隔断合理分割空间，或布置宽敞舒适的等候区等，饭店的老板需要在类似的细节上多花心思。

我们都不喜欢杂乱拥挤的场所，因此尽量消除拥挤感是至关重要的。

延滞效应

拥挤感在拥挤消除之后也很难消失

22 堵车时为什么总感觉相邻车道速度更快呢?

我觉得开车的人都有过这样的体验，高速公路上堵车时总感觉相邻车道更顺畅、移动更快。这究竟为什么呢?

◎ 强行变道没有意义

交通拥挤的时候，人完全被堵在车阵里无法向前。这难免让人陷入一种心急抓狂的状态。

这个时候在二车道和三车道上的人会产生一种奇怪的感觉，那是什么感觉呢?跟自己所在的车道相比，旁边车道上的车不断往前移动。

“为啥我们这个车道完全不动呢?”这种想法会让我们心烦意乱、焦躁不安，于是试着强行变道。

那之后会发生什么呢?刚才自己所在的车道的车是不是突然开始不断前进了。这究竟是怎么回事呢?

◎ 只是错觉吗?

实际上，这只是一种错觉。

因为道路都非常拥挤，不存在只有一条车道的车前进速度慢的情况。就算车道的车前进速度有差别，也是微乎其微的。

加拿大多伦多大学的唐纳德·雷德迈（Donald Redelmeier）用类似驾校的计算机模拟，做了一个关于在道路拥挤不堪的情况下开车的实验。

研究表明，当1千米内平均聚集50辆车时，即使两道用同样的速度前进，人也会感觉旁边的车道速度更快。

若将平均速度稍微降低一点，70%的人会感觉相邻车道更早移动，65%的人会选择变道。

◎ 原因是几乎不往后看

为什么我们会感觉只有隔壁车道的车在向前移动呢？

这个原因是开车的人视线都集中在前方，几乎不看后面。自己追上的车顷刻便从视野中消失，因而并不会感觉自己往前移动了。

相反，隔壁车道的车特别容易进入自己的视线。我们凝神观察它，这辆车只要稍微前进一点，我们就容易有这样的感觉："看吧，果然是旁边车道的车前进得更快。"

要说前进，那辆车充其量也就走了20米左右，但是我们还是感觉它领先了好多。

◎ 莫要酿成事故浪费时间

综上所述，只有相邻车道在前进的感觉是错觉，所以没有必要强行变道，也不应该这样做。

堵车中相邻车道移动更快的感觉是“错觉”

被超车的时候	超车的时候
→相邻的车在视野中停留很长时间	→相邻的车立刻从视野中消失
→自己的车不断后退的感觉十分强烈	→很难感觉到自己的车先移动了

这是因为交通堵塞的时候，无论哪条车道都非常拥挤。

强行变道容易引起交通事故，反而更耽误时间，还请注意。

在交通拥堵的时候，可以考虑听自己特别喜欢的音乐来转换心情，或者适当休息一下，注意不要酿成事故。

23 坐在正中间的位置无法放松应该如何是好呢?

在某个交通工具上，如果两侧的座位都有人，自己夹在中间怎么都无法放松。可以说坐中间要承受双倍的压力。这个时候应该怎么办呢?

◎ 只要坐在当中就感到压力

乘坐火车或者飞机的时候，最好别坐在三连座的中间。为什么呢?因为如果两侧有人，我们会感到压力倍增。

大部分人根据自己以往的经验可能都有这种感觉，所以专门想坐在中间的人恐怕很少。

无论是乘坐飞机、火车、公交车还是其他交通工具都是如此，只要坐在连排座位的正中间，无形之中就会感觉到压力。这究竟是为什么呢?

◎ 个人空间

当他人靠近的时候，我们会感到压力。这是因为自己周围环绕有不可见的“个人空间”，一旦有人闯入这个空间，我们就会感觉不舒服。

坐在最边上的人只有一侧的个人空间被侵犯；但是坐在正中间的话，两侧的个人空间都被入侵，所以会感到双倍的压力。

与坐在正中间相比，在没人的地方站着，感到的压力反而会更小。虽说站着身体上会更疲劳，但是因为周围没有人，所以心理上不容易有压力。

◎ 被夹在中间还不如站着？

美国康奈尔大学的盖里·埃文斯（Gary Evans）调查了一批在城市生活并且在上下班高峰期搭乘交通工具的乘客。埃文斯通过采集他们的唾液、测量其中的皮质醇成分来对压力进行分析测定。

调查结果显示，与坐在二连座的人相比，三连座的乘客感到的压力更大，其中坐在三连座正中间的人感到的压力最大，并且焦虑感和厌恶感都非常强烈。

坐电车的时候，有的乘客一上车马上找座位坐，但是我觉得与其被两侧夹击，倒不如站着，至少心理上不累。当然，如果还是有人坚持要坐在当中，我也不会制止。

我们的个人空间一旦被他人侵犯，就会感到压力。

在电梯这样狭小的空间内，我们很容易互相侵犯个人空间，从而感到不自在。所以我觉得电梯操作员这样的工作真是太可怕了，他们应该很辛苦吧。

◎ 上下班高峰期很多人在车上睡觉的原因

行文至此，顺便说一下，当个人空间被侵犯的时候，可以闭上眼睛来屏蔽掉身旁的人。

通过闭上双眼，他人随之在视野中消失，我们也就感觉不到那么大的压力了。一睁开眼，压力随之而来，所以闭上眼睛睡觉显然是很好的策略。

上下班高峰期很多人在车上睡觉就是这个道理，这或许是人类为减轻压力自然而然所采取的应对方式。

以适合自己的方式确保个人空间

24 犯罪频发和治安良好的地区有固定规律可循吗？

所谓犯罪频发的场所大部分都是有规律可循的。读者试着想一下就会明白，这些地方基本都是杂乱无章的场所。

◎ 比较安全的地方是哪里？

女性独自在城市生活的时候，都不免会担心自己会卷入犯罪事件吧。

有没有类似尽量不让犯罪分子有机可乘、不易引发犯罪、比较安全的地方呢？

其实这样的场所是存在的。

虽然城市的犯罪事件很多，但也并不是所有地区的犯罪率都一样高，其中也分为“频发”和“不易引发犯罪”的地区。

那什么场所更安全呢？答案是“绿化高”的地区。广种林荫树的街道，或者设有绿色公园的地区不容易引发犯罪。女性若选择住所，可以找这样的地方。

◎ 绿植的多少影响犯罪率

美国芝加哥一家大型的国营住宅区以开发计划为主题开展了一项研究。伊利诺伊大学的弗朗西斯·郭（Frances Kuo）受政府的资助参与了调查。

在开发计划中，用地的一侧成为广植树木的绿化区，另一侧则建成了钢筋混凝土的建筑。

她调查这两个地区的犯罪率之后发现，绿植多的地区比满是钢筋混凝土的地区偷盗率要低48%，暴力事件少52%。同样的国营住宅区，地理位置几乎没变，却呈现出这样的差别。

◎ 一个地方犯罪频发的原因

容易引起犯罪的地方会频繁发生犯罪性事件，而不容易引发的场所则几乎没有犯罪案例。

在城市，凡是治安不好的地区都是特定的，所以还是尽量避开色狼出没和暴力事件频发的地区。这个时候判断治安好坏的一条实用线索就是“绿化面积的大小”。

大部分公认犯罪率高的地区都是容易让人感到压力的地方。

环境脏乱差，空气中弥漫着异味，人身处这样的环境就容易焦虑。类似钢筋混凝土这样的地区，也容易让人脾气暴躁，所以犯罪率总是居高不下。

相反，看到绿植可以缓解压力。通过观赏树木的变化，感受季节的变迁等，相对而言可以缓解压力。因此这样的地方不容易引发犯罪。

如果居住在广植林荫树的街道，或者道路两侧栽满花木这样清新宁静的地方，不仅可以降低遭遇犯罪的概率，还可以放松心态，愉悦地生活。

不容易引发犯罪的场所

○ 种植林荫树
○ 有绿色植物的公园
○ 附近的道路两侧栽满花木

容易引发犯罪的场所

× 绿化很少
× 只有令人扫兴的混凝土
× 空气中飘荡着刺鼻异味

25 为什么“邻家月更圆，别家花更红”呢？

“您先生太优秀了”（内心潜台词：别提我家这位，唉！），或者“想去城市发展”（在我们这个穷乡僻壤不会有前途！），类似的抱怨在生活中屡见不鲜。为什么别人家的东西经常看上去更好呢？

◎ 只看到对方好的一面

在城市生活的人很向往乡村生活。

因为城里人觉得乡村地广价低，乡村生活更加悠闲自在，搬过去可以住更宽敞的房子，拥有广阔的花园等。等老了以后，想搬到乡村生活的人不胜枚举。

然而在乡村生活的人反过来也会向往城市。因为他们感觉城市更加繁华，灯红酒绿，吃喝游乐的场所数不胜数，可以过得多姿多彩。

归根结底，我们都只是看到了对方好的一面。

由于我们完全没有考虑其中的负面因素，所以才会拘泥于“邻家月更圆，别家花更红”这样的思维方式中。

◎ 实际的幸福感几乎是一样的

美国得克萨斯大学的大卫·施卡德（David Schkade）就“你认为住在美国西海岸加利福尼亚州的人幸福吗？”这个问题调查了生活在美国西部乡村的居民。结果回答如出一辙，受访者都认为住在加利福尼亚“肯定很幸福”。

他们给出的理由是气候温暖，适宜居住。

但是施卡德调查了很多住在加利福尼亚的人，问他们“生活在这里感觉幸福吗？”，得到的结果却大相径庭。在加利福尼亚生活的人感到的幸福度和中西部的人对自己的乡土几乎一样，前者并不比后者更幸福。

在加利福尼亚生活，当然不只有好的一面，当地人能切身体会到很多缺点和不足。虽说这里确实气候温暖，适宜生活，但是当地是全美犯罪率很高的地区，而且道路交通拥堵严重，空气质量也不尽如人意。

如上所述，我们看别人的时候，喜欢把目光聚焦在对方的优势上，几乎不去考虑对方的短处，所以才会心生艳羡。

◎ 有利亦有弊

住在城市的人，认为乡村生活逍遥自在，好像非常舒适。但是在乡村生活的人深知购物、看病都不方便，公交车一天只来几趟，而且和左邻右舍的人交往过密，有时会惹出很多令人讨厌的事情。所以，当地的人反而感觉住在乡村更麻烦。

相反，生活在乡村的人不了解城市的可怕。他们没有关注过城市的交通量、尾气排放导致的大气污染，不知道人和四邻街坊几乎完全没有沟通交流、人情冷漠等不足。

◎ 认为对方很好的时候也试着考虑一下缺点

当我们羡慕“××真不错”的时候，要知道“××”一定不都是优点，我们也要考虑到它的缺点。若不如此，心理就无法获得平衡。所以要更多地考虑其中的不足之处。

很多本国人经常会说自己国家的坏话，对外国则交口称赞，这是只关注国外好的一面，而不考虑对方缺点的缘故。综合来看，我觉得没有比自己的祖国更好的国家了，但是有部分人不以为然，这可以说是典型的“邻家月更圆，别家花更红”的例子吧。

凡事都有正反两面

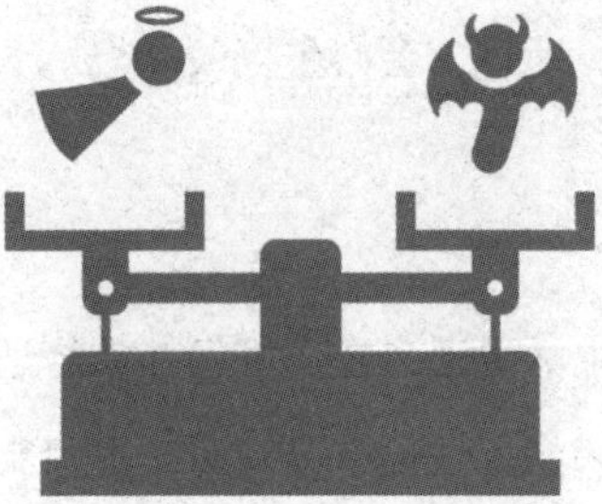

不要只看到好的一面

26 打扮得漂漂亮亮却没人看?

> “出门上街一定要打扮得漂亮得体”，我想应该有这样鼓励自己的人，但实际上没有人注意我们。这种现象被称作“聚光灯效应”。

◎ 认为“别人关注我”的只有我们自己

所有人都“有模有样”地走在人来人往的街道上。

我们是不是觉得其他人会注意到自己，千方百计想让自己显得更帅或更可爱，哪怕只有一点也可以?

但事与愿违，走在街上的人并不在意其他人的事情。也就是说，只有我们自己认为“我会被人关注”。其实别人的注意力根本不在我们身上。

“穿春季新款的衬衣出门吧!”

“戴上漂亮的帽子看上去不错啊!”

抱有这种想法出门的人，会考虑到方方面面，经常自我意识过剩，把自我的存在过分放大。大家并不是娱乐圈的艺人，关注我们的人其实没有那么多。

不，确切地说，我常听说有这样的事，很多在电视上出现的艺人们，即便出门时不乔装打扮，而是保持本来面目，也不会引起别人的关注。

◎ 聚光灯效应

心理学上将“所有人都在注意我”这种有点悲哀的臆想称之为“聚光灯效应”，即自认为聚光灯只照在自己头上，自己是舞台的中心、情境的焦点。

美国康奈尔大学的心理学教授汤姆·季洛维奇（Thomas Gilovich）做过一个实验，他准备了令人非常尴尬的T恤（醒目地印着某位过气歌星头像的照片），让实验者穿上在大街上走一圈。

实验者不得不按照指示穿着尴尬的T恤散步，他们感觉擦身而过之人的目光都落在自己身上。

当受试者散步结束后，研究人员问：“你觉得迎面而过的人有多少注意到了你的T恤？”结果是男性的实验者因自我意识过剩，推测59%的人看到了自己的T恤，而女性实验者认为应该有35%的人注意到了T恤的图案。

那实际上有多少人看到了实验者衣服上令人尴尬的图案呢？

助手在实验中悄悄跟在受试者后面，他们每碰到一个擦肩而过的人就会逐个问：“你看到刚才走过去那个人的T恤了吗？”只有24%的人回答看到了。

如上所述，只要涉及自己的事情，我们仿佛都有点自我意识过剩，容易产生所有人都在关注我的错觉。

但这终究只是错觉。

在现实中并没有那么多人关注我们，所以不必那么过度在意，也不用自命不凡，舒服自在、轻松自然就好。

但如果打扮本身能给你带来乐趣，是你的兴趣和爱好，那就请尽情享受吧。

27 为什么城里人比农村人冷漠呢?

从乡下来到大城市的人可能会感觉“城市人真冷漠”。为什么会出现城市人“事不关己，高高挂起”的现象呢?

◎ 人口过多的都市

通常来说，和农村相比，城市里的人际关系更加冷淡、疏远。

在乡下有人遇到困难，恰巧路过的人都会停下脚步，伸出援手并关切地问:“有什么事儿吗?”如果在城市遇到陷入困境的人，许多人都摆出一副事不关己、熟视无睹的样子，迅速走过。

为什么城市的人都这般不讲人情呢?

是不是冷酷无情之人都聚集到城市了呢?

非也非也，事实并非如此。城里人冷漠其实是有原因的，一言以蔽之，是因为城市人口过多。

◎ 肯定会有人帮忙吧

无论别人遇到了多大的困难，只要他周围有很多人，大家就会觉得“嗯，反正就算我不帮他，还会有别人帮的”。但如果周围没人，城里人也是会伸出援手的。因为倘若周围只有自己一个人，如果不提供帮助，那就肯定是自己的责任了。

当出现某种紧急状况时，在场人越多，大家越会产生“啊，就算我没有特意帮忙，其他人也会……”的想法。这在心理学上被称作“责任扩散现象”。

目击者越多，他们反而越不觉得是自己的责任，也就不会特意出手援助。城里人并非冷漠之辈。

◎ 在场人多反而没人帮忙

美国俄亥俄州立大学的心理学家比伯 · 拉特纳（Bibb Latané）曾在商场、医院、图书馆等地的电梯内做过一项实验。研究者故意将钱包中的硬币散落在电梯里，然后测试偶然搭乘同一电梯的人有多少会伸出援手帮忙捡硬币。

当电梯里没有其他人时，有超过一半的人会帮忙捡起硬币。但是搭乘电梯的人数越多，援助的人就越少。人越多，大家越是无动于衷，冷眼旁观掉钱者捡起最后一枚硬币。这就是责任扩散现象在发生作用。

可能读者中有人经历过这种孤立无援的感受：“城市有那么多人在场，却还是没有一个人乐意帮我……”

其实是这种思维方式不太对，应该是“正因为有那么多人在场，才没人伸出援手”。

农村人之所以遇到有困难的人会出手援助，是因为周围没有其他人在场。他们是在“只有我能帮忙”的情况伸出了援手。当周围目击之人多了之后，农村人和城市人一样，大概率也会无动于衷，装作没看到。

◎ 有效防止责任扩散的方法

顺便说一下，当我们需要帮助，但周围在场的人又很多时，为了消除责任扩散效应，我们可以在群众中挑选一个特定的人向他寻求帮助。比如："穿蓝大衣的这位先生，对，就是你。我觉得胸口很难受，你能帮我叫一下救护车吗？"而这位被点名的人肯定会出手相助。为什么呢？因为我们明确将责任聚焦到他一个人身上，就不容易出现责任扩散。

责任扩散现象

如果是"谁能帮帮忙啊！"
大家会认为"总有人会出手的"

如果是"请你帮我"
就不容易发生责任扩散

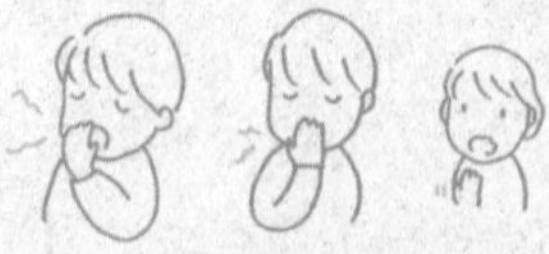

28 好闻的香气会让人变得亲切吗?

在咖啡厅里，空气中弥漫着浓郁醇厚的咖啡香，我们的心情是不是不知不觉都跟着变好了呢？香味会对我们的心情产生很大的影响。

◎ 对陌生人也能和颜悦色的场所

飘荡着香气的地方会让我们心情变得愉悦，更容易礼貌待人。

上一节我们讲了关于“城市人冷漠”的话题。其实有一些场所能让冷漠的城市人变得亲切哦，那就是飘荡着香气的地方。

比如咖啡厅的吧台散发着令人迷恋的烘焙咖啡豆的香味，途经这样的店门口，人会变得亲切。还有花店前弥漫着馥郁芬芳的香气，逗留在这样的场所附近，人也会变得友好。

让我们感觉“哇，好香啊”的地方，会让我们卸下防备，变得更加和蔼热情。

◎ 无味不如香味

美国伦斯勒理工学院的罗伯特·巴伦（Robert Baron）做了一个在街上不同场所请人兑换纸币的实验。

巴伦在飘荡着饼干和咖啡香气的店门口，以及没有味道的洋货店前分别进行了测试。和路人性别相同的助手上前搭话："不好意思，能给我换一下钱吗？"受访者中很快同意的人所占的比例如下：

	▼飘荡着饼干和咖啡香气的店门口	▼没有气味的洋货店门口
男性	50.3%	23.6%
女性	59.9%	15.0%

从上述数据我们可以看出，在散发着香气的地方，无论男女都会表现得更亲切友好。

我还听说过一件事，某公司在入口附近的空调中添加了香味，阵阵熏衣草的香气会随空调散发出来。结果不仅是在该公司上班的员工，就连从外面来公司谈业务的人都会互相报以笑脸，变得更加友好。

我觉得这种方式真是特别好。当空气中氤氲着香气，我们更容易对他人敞开心扉，心情也会随之变得更加愉悦平和。

至少，与没有气味或者散发着令人作呕的臭味的地方相比，人处在有香气的地方会更舒服。

29 哈欠的传染力为什么是笑容的两倍呢?

这节的话题是关于哈欠的。说到这里可能有读者马上打了一个哈欠。我们知道哈欠的传染力要比想象得还要强。

◎ 打哈欠会传染

我们可以观察到这样一个有趣的现象：比如在地铁上，正对面有人打了一个大大的哈欠，于是看到的人也会不由自主相继打起哈欠来。

学校的教室里也是，只要有一个学生打哈欠，即使其他人不是特别困，也不觉得课程无聊，还是会一起开始打哈欠。在剧院、电影院和路上等公共场所都可以观察到打哈欠会传染的这一现象。

严谨的自然科学家或许对打哈欠这种无聊的现象不感兴趣，但是心理学家则不然，他们会仔细采集数据，饶有兴致地调查打哈欠传染的现象。

◎ 哈欠的传染力是笑容的两倍

美国马里兰大学的神经心理学家罗伯特·普罗万（Robert Provine）是研究打哈欠传染力的学者之一。

普罗万制作了一个成年男子打30次哈欠的视频（每10秒会打一个持续6秒的哈欠）并让实验者观看5分钟，调查其中有多少人会跟着打哈欠。

结果显示，观众中55%的人都会受到影响并打起了哈欠。

哈欠的传染力真的是非常强。

顺便说一下，我们看到正在笑的人，有时会不由自主跟着笑起来，这被称作“笑容传染”。普罗万也用同样的方式调查了笑容传染，结果有21%的观众看到别人的笑容会跟着笑起来。相比之下，打哈欠的传染力比笑容强两倍。

另外，普罗万还指出，不仅是看到他人打哈欠，就连谈到哈欠这个话题，也会诱发人打哈欠。可见哈欠的传染力真是不容小觑啊。

正在阅读的你也是
在接二连三地打哈欠吗？

◎ **打哈欠的对策**

不在别人面前打哈欠是基本的礼貌，也是社交礼仪。

话虽不错，但当我们看到他人打哈欠，很可能被传染也跟着打哈欠，实在无法避免。在婚丧嫁娶这些不能打哈欠的场合中，当我们看到有人打哈欠的时候，一定要小心。

另外，在上课或者听无聊的领导训话时，如果我们突然非常想打哈欠，不要用嘴呼吸，可以尝试用鼻子呼吸。

用鼻子呼吸有让大脑镇定的效果，可以稍微消解困意，紧闭双唇哈欠就无法打出来。也有数据表明用鼻子呼吸的人不容易打哈欠，请务必要尝试一下。

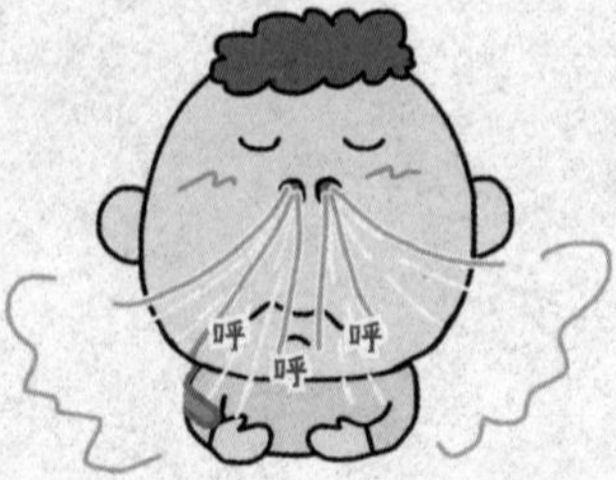

用鼻子呼吸预防打哈欠

第四章

金钱与消费的心理学

30 股票价格在晴天会上涨吗？

各种事情都会对我们的心理产生影响，天气就是其中之一。而人的心理会在很大程度上影响股票价格。也就是说天气和股价有关系。

◎ 心理受天气影响

我们的心理会受到当日天气的影响。

大家都有这样的经验吧。阳光灿烂的时候，自然会满心欢喜；天气不好的时候，情绪也没法高涨起来。

我虽然只是心理学家，而不是股票或其他方面的专家，但仅凭这点头绪就可以买卖股票。并且，我暗自觉得用这种头绪还能赚到不少钱呐。

这点头绪就是“天气”。这可能稍显荒唐，但是有专门研究过这方面的心理学家。

◎ 股票价格随天气浮动？

心理学家真的是对各种事情都兴趣盎然，在各个领域都有很多埋头钻研的人，甚至是衣带渐宽终不悔的人。美国俄亥俄州立大学的大卫·赫舒拉发（David Hirshleifer）就是这样的心理学家之一。

人的心理很大程度上会反映在股票价格和经济景气层面上。赫舒拉发提出了下面的假设：天气好的日子，人们的心情会变得相对愉悦，所以股票的价格不应该会上涨吗？

这位心理学家调查了1982年到1997年间26个国家的股价数据和各国早上的天气。

调查结果表明，晴天的时候，股票确实会上涨。

股票的原理非常简单，低价大量买进，等高价再卖出就能得利赚钱，从心理学上可以说，晴天的时候卖出更好。

晴天股票价格容易上涨

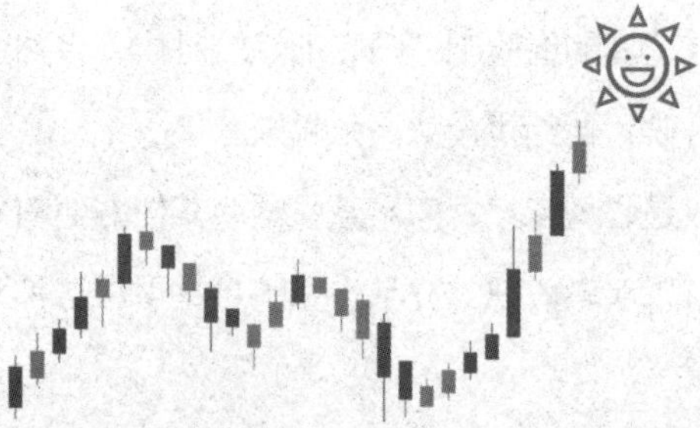

· 股票价格受心情影响

· 卖出的时候晴天更好

◎ **除了晴天之外没有其他法则**

那其他天气会影响股价吗？像晴天一样，其他天气也跟股票有什么联系吗？

很遗憾，目前并没有发现其他天气会对股价产生影响。根据赫舒拉发的研究，无论是下雨还是下雪，股票价格并不会随之下降。

现阶段，关于股票上涨这方面，从天气可以进行预测，但是关于股票价格下跌这方面还完全没办法预测。

我自己从没有想过炒股，但如果读者中有谁准备开始炒股，提前了解天气对股价的影响可能会有所帮助。

31 住在快餐店隔壁存不住钱吗?

对自己想要的东西毫不手软，一个接一个地满足自己的购物欲望，当然是存不住钱的。要想省钱，面对心仪的东西通常要忍耐，但是忍耐的难易程度跟地区有关。

◎ 不知不觉就变成了“月光族”

能存住钱和存不住钱的人的区别，可以说就在“平时的消费”。每个月不知不觉间钱包就空的人，是不是常常因一时冲动、心血来潮就买下想要的东西呢?

这种“冲动消费”的行为其实很大程度上受所住地区的影响。

◎ 忍耐力程度与消费

加拿大多伦多大学的桑福德·德沃（Sanford Devoe）曾调查了30个国家平均每十万人对应的麦当劳门店数量与家庭支出的关系。

调查结果显示，麦当劳门店越多的地区，当地居民花钱就越大手大脚。

快餐店能简单便捷地满足人们的食欲。

因此，经常光顾快餐店的人，养成了能马上满足自己欲求的习惯。换种方式可以说，他们越来越没办法忍耐。一旦养成这种看到心仪的东西就要立刻买下的消费习惯，就会挥金如土。

德沃还调查了除麦当劳之外的快餐店，结果也是一样。与快餐店稀少地区相比，所住地区遍布快餐店的人更容易存不住钱。他们面对想要购买的东西，很难克制，会马上“买之而后快”。

◎ 购物不方便能提高忍耐度

如果住所附近便利店、商店或快餐店林立，居住环境非常方便购物的话，肯定很难存住钱，因为没有忍耐的必要。

如果家附近没有购物或者吃饭的地方，虽然可能不太方便，但也没地方花钱。要特意跑很远消费的话，我们会嫌麻烦而宁愿放弃。反而这样能因祸得福，忍耐力得到增强，能存住钱。

◎ 真正的有钱人都住在乡下？

我听说过真正的有钱人都不住在高级住宅区，而是住在郊外或乡下。

城市纸醉金迷，遍地诱惑。

一旦这些诱惑出现在身边，人们必定有消费的欲望和冲动。这样就很容易沦为月光族。

如果住在乡下的话，想要的东西眼不见为净，也就不必购物花费多余的钱。能挣会赚的有钱人深谙此道，所以喜欢生活在乡下。

但是，如今整个社会环境发生了巨变，即使住在农村也能便捷地在网上购物。在网页上点击几下就能轻松下单购物，所以我预计人们越来越抑制不住消费冲动，也越来越难存住钱了。

购物便利的话就很难存住钱

不要被一个接一个的诱惑冲昏头脑

32 抑制冲动消费有诀窍吗?

好像大家都有过这样的购物经验：事后自己都不理解当时为什么会消费，为什么会有购买欲望。但是没有关系，防止冲动消费是有方法的。

◎ 冲动消费：后悔入手心仪的东西

有想要的东西，渴望马上得到满足，这种即兴决定购买的行为被称作“冲动消费”。

得到心仪的东西，本来应该是非常高兴的事情，但是冲动消费之后悔不当初的人可不在少数：“怎么会买了个没用的东西？”

所谓的冲动其实是可以抑制的。

人难道会是被冲动和欲望操控的提线木偶吗？

非也非也，并非如此。其实只要掌握一点窍门，我们就能轻松克制自己的冲动，做欲望的主宰。

可能有人觉得“我天生没有自控能力”或者“我忍耐力不够”，即便如此，这样的人只要掌握诀窍也能轻而易举地控制欲望。下面就把我的秘密诀窍告诉大家。

◎ 保持距离

这个秘诀就是和充满诱惑的对象保持时间或空间的距离，哪怕只有一点距离也好。

美国天普大学的心理学家与行为经济学家乔治·安斯立（George Ainslie）提倡的抑制冲动的方法如下：如果充满诱惑的对象在眼前挥之不去，令我们难以克制购买冲动，不妨将诱惑对象移至眼睛看不见的地方，或者自己换个地方，可以有效消解购买冲动。

例如，眼前有一块看上去无比美味的巧克力蛋糕，自己特别想吃，如果根本管不住嘴的时候，可以将蛋糕放进橱柜或冰箱里藏起来，眼不见心不烦，这样就能抑制贪吃的冲动。

在商场逛街，如果特别想买衣服和配饰的话，请先远离玻璃橱窗，尽可能试着从店里出来散会儿步。与激起欲望的对象保持一段时间或空间的距离之后，就会发现忍耐绝非难事。

◎ 冲动持续不了太久

无论多想要一件东西，都不要当场买下。建议大家这么想："先等到明天吧，明天再来买"，暂时离开勾起自己欲望的地方。可能到了明天你就把它抛之脑后，不再想买了。

别看冲动来势汹汹，但其实也持续不了太久。一旦离开了"欲望之所"，即使我们不去刻意忍耐，也能够更轻松地驾驭冲动。

防止冲动消费的窍门
保持时间或空间的距离

等待

不当场消费

（先从时间上保持距离再从长计议）

藏起来（距离上保持距离）

藏到眼睛看不到的地方

→冲动并没有想得那么持久，让我们巧妙地应对吧！

33 从一个人的朋友圈就能判断他会不会成为有钱人？

> 语言是思想的图像和反映。也就是说从一个人的发言或用语习惯可以一窥其思维方式。如果看透一个人的思维方式，就可以看出他能否成为有钱人。

◎ 语言是观察思维方式的窗口

对事物的思考方式决定了一个人能否成为有钱人。可以成为有钱人的人，无论何时何地都具有有钱人独特的思维方式。

一个人的发言和用语习惯如实反映着他的思维方式。因此，调查一个人所说的话，就可以预测他是否能成为有钱人。

◎ 有钱人说话积极

加拿大卡普顿大学的斯图尔特·麦卡恩（Stewart McCann）做了一项调查，旨在研究“是否可以从推特（Twitter）上的推文，就能够从某种程度上判断这个人是否能变成有钱人”。

麦卡恩很快分析了超过14万人的推文。将一个人推文的内容按正面还是负面分类，然后调查其社会和经济地位。社会与经济地位是衡量这个人是否是有钱人的一个指标。

那调查结果如何呢？

社会和经济地位高的人，即有钱人的推文内容是积极正面的。

从发言和说话上可以看出有钱人的思考是正面的

比如：

“今天是非常棒的一天！”

“我是何其幸运啊！”

“世界看上去是玫瑰色的，充满希望！”

他们发的都是这种正能量的推文。

相形之下，社会和经济地位稍逊的人，发送的推文内容都是意见、抱怨或不满等负面信息。换句话说这些人埋三怨四、满腹牢骚，他们头脑中多半有好多消极的思考。

◎ 有钱人的思维方式

就算是有钱人也有身体不适或者没有动力的时候。另外，世界上不都是好人，有钱人也有心烦意乱的时候。

即使面对这些艰难困苦或心烦意乱时，更能看到事物积极的一面，采取乐观向上思考模式的人，能成为有钱人。

比如，遇到了讨厌的人，有钱人的思考方式可能是这种感恩型的：“这个人是我的反面教材，应该感谢他给我上了一课才对。”

如果你想成为有钱人，不要四处抱怨，要只考虑积极正面的地方并且用语言表达出来。

34 选择过多让人困惑，品种不丰富反而能让消费者快乐购物？

去便利店的时候，你是不是会在不知不觉间买了不少多余的东西？这其中的秘密就是因为便利店“备货品种少”，所以更容易让消费者做出选择。

◎ 备货种类丰富，销售额反而会下降？

超市或商场的经营者都会尽可能陈列出琳琅满目的商品。他们认为品种越丰富，越能讨顾客欢心，销售额也能上涨。

不过，请各位读者站在消费者的立场上切身思考一下。

无论是婴儿车还是服装，如果几十种让人目不暇接的同类产品并排摆在橱窗中，我们肯定会困惑：“该买哪个好呢？”

如果品种过于丰富，我觉得与其说顾客会欢欣雀跃，不如说他们会眼花缭乱、不知所措，最后很可能决定不买了。

我自己也是这样，前几天去家电大卖场想买台新电脑，但是不知道选哪个，纠结来纠结去，最后空手而归。

备货种类过多会让消费者无所适从，进而选择什么都不买。

◎ **琳琅满目的商品的确吸引眼球，但是……**

美国哥伦比亚大学的心理学家和管理学家希娜·艾扬格（Sheena Iyengar）在某家超市里曾做过下面的实验。

艾扬格希望超市的经营者设一个果酱品尝摊并摆出6种果酱，在另一个时间段则摆放出24种不同类型的果酱。

6种果酱摆出来之后，有40%的顾客会在摊位前驻足品尝，30%的人会购买果酱。

面对24种果酱时，有60%的人会停在品尝摊位前，人数比只有6种的时候要多。看到琳琅满目的果酱，顾客的兴趣大增："哇，有这么多种类！"

但是最后买果酱的人只有3%，也就是面对24种果酱，最终购买的人只有6种时的1/10。

品种过于丰富反而无从选择

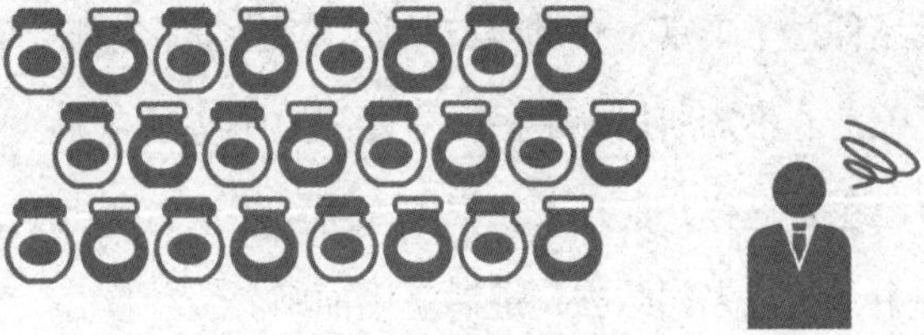

"品种越丰富，越能取悦消费者"这种想法可谓大错特错，相

反，品种没有那么多的时候，顾客更容易做决定，反而庆幸买到了东西。

◎ 容易在便利店购物的原因

大家是不是觉得在便利店，从漫不经心地靠近货架、发现想要的商品到结账，在很短的时间内就可以完成购物呢？这是因为货架上品种少的缘故。

便利店里同种类的产品只摆两三种款式。店铺面积本身也不大，像蜡烛或手电筒等商品最多也就只有两种供选择。

但是从消费者心理层面看，这样的选项已经足够让顾客满意了。面对不多的选择，消费者不必纠结地去与其他蜡烛比较。

便当和家常菜也是如此，便利店里的种类跟超市比简直是小巫见大巫，但正因为如此，我们才可以开心、轻松地选择。

相反，品种过多会让消费者在不断地寻找和比较中晕头转向、眼花缭乱，最后干脆选择什么都不买，因此别在货架上摆过多的品种或许才是王道。

35 荒唐离奇的广告商品有效果吗?

我们周围充斥着形形色色的广告，它们宣传推广着各式各样的产品，其中不乏一些看上去很奇葩的商品，它们真的有效果吗?

◎ 暗示的效果?

你是否曾在杂志背面等处看到过一排排介绍“奇怪产品”的广告呢?

比如“万能记忆法：帮你3天记住3000个英语单词”“完全消除烦恼的自我启发DVD”“运气手镯，镯来转运，提升能量，转运项链”等，真是林林总总，千奇百怪。

这样的产品真的有效果吗?

总感觉怪诞诡奇的气氛扑面而来，但就结论而言，这些产品可以说还是有一点效果的。

但与其说是这些商品本身有效果，不如说只是消费者在“自以为是”。也就是说消费者的臆想是有暗示效果的。

如果我们坚信一件事情，比如“哎呀，买了这款产品，这下我也能变聪明了!”在这样的自我暗示下，自己真的会变聪明。

◎ 荒唐的东西也有效果？

美国华盛顿大学的安东尼·格雷瓦尔德（Anthony Greewald）通过海报和报纸招募参加心理实验的人，共有288名志愿者报名参加。

格雷瓦尔德事先告诉其中一半的志愿者，发给他们的是提高自尊心的磁带，并让他们5周内每天都要听这个磁带。剩下一半的人被提前告知拿到的是提升记忆力的磁带，也是连续5周每天都要听。

5周刚过，格雷瓦尔德便再度召集参加者并询问他们“磁带是否有实际效果”。

结果50%的志愿者都回答“磁带真的有效果”。从这个数据来看，可以说市场上出售的自我启发一类的磁带是有实际效果的。

尽管内容错乱，但仅靠“自以为是”也有效果

实际是提升记忆力的磁带　实际是提高自尊心的磁带

→ 有50%的人回答“有效果”

然而这个研究的有趣之处就在这里：事实上，格雷瓦尔德事先把双方磁带上的标签对调了。

也就是名义上是“提高自尊心”的磁带，其实是“提升记忆力”的内容；“提升记忆力”的磁带中是“提高自尊心”的内容。

换句话说，志愿者听的明明是内容错乱、与心理期待毫不相干的磁带，却有50%的人认为“确实有效果”。

◎ 是否见效，取决于消费者的心理

从这个研究中我们明白，商品的效果取决于消费者的自我暗示。

消费者认为荒唐离奇的产品也有一定的效果，但这其实只不过是他们主观的一厢情愿而已。

转运项链其实并不能招来幸运，但是有人相信戴上项链“自己会成为幸运儿”，这样的心理暗示可能真的能吸引到好运。与其说项链本身有效果，不如说是当事人的“自以为是”罢了。

当然，我绝对不是要在此否定所有这类的产品，我觉得如果有人购买了这种产品，相信自己的人生能过得更有意义，那它就和护身符或符纸一样，对购买者来说是非常珍贵的东西。

36 价格和质量居中的产品，人人都喜欢？

你在购物的时候，如果有贵的、便宜的和价格适中的三个档次，会选哪一种呢？是不是下意识就会选择价位中等的那个呢？

◎松竹梅中间选择竹

松，经冬不凋；竹，空心傲骨；梅，傲雪凌霜。“岁寒三友”不仅品格高尚、寓意吉祥，在日本也被用来划分商品的三种等级，价格由高到低依次是松、竹和梅。如果大家中午在日料店吃饭的时候，看到菜单上有这三种不同价格的推荐套餐，决定从中选择一个。

那你会选哪种呢？

从心理学来推测，大部分人面对这种情况都会选择中间的“竹套餐”。我们的心理是会避开价格过高或过低的东西，而喜欢中间的产品。

◎ 选择中间产品的概率是60%

无论是价格还是质量，我们倾向于选择中等程度的产品。这种行为方式被称为“金发姑娘原则”（Goldilocks Principle）。这个心理学术语源自英国作家罗伯特·骚塞（Robert Southey）创作的家喻户晓的童话故事《金发姑娘和三只熊》。金发女孩误闯熊屋，她觉得不太烫也不太冷的粥最可口，不太大也不太小的床和椅子最舒服，所以心理学家用这则童话来命名这种心理现象。

同理，购物的时候，大部分消费者会选择中间的产品。

美国西北大学凯洛格商学院营销学教授亚历山大·切尔内夫（Alexander Chernev）曾做过一个实验，他准备了无绳电话、葡萄酒和防晒霜等很多产品的宣传册，测试消费者会在相似的三款产品中选择哪种。

结果表明，虽然根据商品的种类，数据多少有些浮动，但是消费者选择价格居中产品的概率在57.1%~60.1%。

为什么价格过高或过低的产品不太受欢迎呢？

与本身的价值无关
“选择各方面都居中的产品”
消费者常常只是出于这个原因做出了选择

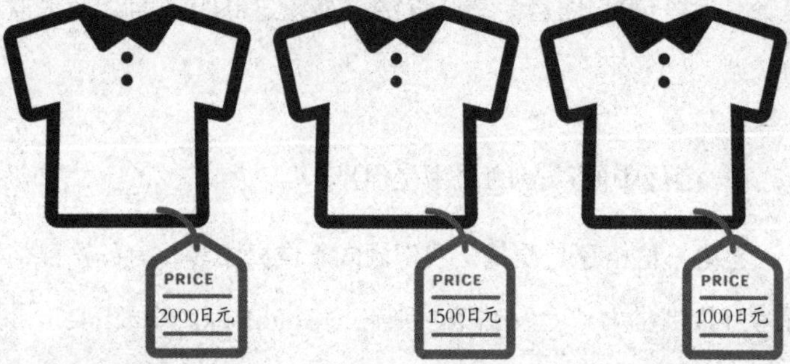

当面对三个选项时，我们的选择与产品本身真正的价值完全无关，而是会被各方面都居中的产品吸引。即使我们仔细考虑之后发现选择价格高的产品更加合理，但还是会选择中等的产品。

◎ 大美女反而没人追

这么说来，人们在选择对象的时候，也有同样的倾向。

大家都觉得像模特一样魅力四射的美女或俊美无双的帅哥应该非常受异性欢迎，其实并非如此。对于相貌极其粗鄙的人，我们往往不屑一顾，这点很好理解，但对于容貌过美的人，我们同样会有高不可攀、敬而远之的倾向。

最受欢迎的是长相平平无奇的人，这在心理学上被称作“平均脸效应”。大众脸让人觉得更舒服，更有亲近感。

◎ 在商业中的应用

顺便说一下，我们知道“人容易选择居中的选项”之后，就可以将这个法则运用到各种商业环境中。

比如手边现有1500日元和1000日元两款商品，如果想让1500日元的商品热销，我会并排再摆一件2000日元的商品作为诱饵。这样做的话，2000日元的商品虽然完全卖不出去，但是1500日元价格居中，这件商品会更受欢迎，有热销的潜力。我们如果了解心理学的法则，就可以将其灵活应用于产品营销等商业领域。

37 低热量食物吃多少都不会饱?

> 读者中可能有节食减肥，控制卡路里和糖分的人。但是在摄入低热量食物的时候，有必要注意不要吃得过多。

◎ “美中不足”的健康食品

各位读者朋友对“健康食品”或“低热量食品”是什么印象呢？是不是觉得食物分量少、卡路里含量低呢？

对于健康食品，减肥的人误以为摄入的“食物很少”，但并非如此，他们其实吃了超出分量的健康食品，但还是感觉“不够吃”。

◎ 同样的食物，空腹感不同

美国芝加哥大学的斯泰西·芬克尔斯坦（Stacey Finkelstein）曾做过一项让51位大学生试吃糕点的实验。

芬克尔斯坦准备了巧克力和覆盆子的甜点，并且修改了包装上的文字。其中一部分包装上添加了“健康”（富含维生素和食物纤维），另一部分包装则添加了“美味”（香甜可口）这样的文字。但其实包装里面产品的成分是完全一样的，都是12克，50卡路里。

等学生吃完之后，实验人员问他们：“如果7分是满分，表示非常饿的话，你现在的空腹感是几分？”

试吃包装上写有“美味”这一组甜点的学生回答的平均数是3.76，而试吃包装上写有“健康”的那组则给出了平均数为5.12分的空腹感。

也就是试吃包装上写有“健康”字样甜点的那一组，刚吃完之后竟然还感觉很饿。7分代表饥肠辘辘，学生给出了5.12分，空腹感可以说很高了。

◎ 容易多吃?

“想节食减肥，那就买健康食品吧！”这虽然是理所当然的正常想法，但是值得商榷。

节食的人很可能吃了健康食品，但是感觉完全没吃饱，所以有多吃的可能性。如果你觉得“既然是健康食品，那么多吃一点也没关系”，这样反而摄入了更多的卡路里。

虽说是“健康食品”，但如果摄入量是普通食品的两倍甚至三倍还多，那绝对会愈减愈肥的。

如上所述，如果写着“健康”或者“减肥饮食”等字样，会让人感觉吃不饱，所以有摄入过多食物的风险。

如果是这样的话，从最初开始减肥就控制普通的饮食分量，也许会更有效果。

完全一样的食物，只因写有“健康食品”就让人没有饱腹感

注意不要吃得过多

38 “不要看”“不要做”会激发人的逆反心理？

“R-18未满18岁禁止观看”或者“未满20岁禁止吸烟喝酒”等限制反而会引起这部分人群更强烈的兴趣。“每天限量10份”等也是出于同样的道理，反而更引人关注。

◎ 禁果效应

一部电影或DVD因对儿童产生不好的影响，所以被禁止了。一部游戏写有“包含暴力血腥画面”的警告。

这些禁止或警告，实际从心理学上看却有反效果。为什么呢？因为越是禁止的东西，越能勾起人的兴趣。这种“不禁不为”“愈禁愈为”的心理被称作“禁果效应”或“卡里古拉效应”。

◎兴趣反而被吊起来

意大利和美国曾经合作过一部名为《罗马帝国艳情史》的电影，讲述了罗马帝国皇帝卡里古拉（Caligula）暴虐荒淫的一生。电影中因包含残忍和大尺度的镜头，在美国波士顿等地被列入禁片，不得上映。

但是这部电影因此成为关注的焦点，特意跑到相邻的城市去看《罗马帝国艳情史》的波士顿人络绎不绝，结果波士顿不得不上映这部电影。这种愈禁愈为的现象因此被称作“卡里古拉效应”。

即使内容没那么有趣，但只要有“禁止”这样的警告，反而能勾起我们的兴趣。儿童更是这样，他们的逆反心理更加强烈。

◎ 我们都有好奇心和逆反心理

美国密歇根大学的传播学和心理学教授布拉德·布什曼（Brad Bushman）曾做过一个实验，让900个孩子看各种电视节目单，并问他们“最想看哪个节目”。调查结果显示，小朋友对贴有“警告标签”的节目更感兴趣。相比没有标签的节目，他们更想看有“警告标签”的电视节目。

我们都有好奇心和逆反心理，对越是被禁止的事物，抱有越强烈的兴趣。

◎ 反向思维，概不出售

禁果效应也可以用作市场营销战略。

因为越是禁止，人越有兴趣，所以与其说“大卖啊”，不如说“售罄不候”，反而更能让顾客纷至沓来。

比如“每天限量10份的拉面”或者“每天限量100个烙饼”这样的店铺，“数量有限，售完即止”，反而生意兴隆，顾客接踵而至。营造缺货状态，或者顾客想买但买不到的状态，是利用禁果效应的一种市场营销战略。

此外，会员制的餐厅或高端酒吧，打出“他人禁止入店”的旗号，也是一种利用禁果效应的营销手段。

禁果效应

被禁反而更引人关注

第五章

媒体与社会的心理学

39 “不看报纸、不读新闻”是正确的吗？

报纸或新闻报道了很多可怕的案件、事故、灾害或丑闻。大众传媒要靠负面新闻吸引读者或观众的眼球，读者看完报道不免心情低落。

◎ 无论报纸还是电视都只有负面新闻

我自己是不看报纸的，也很少去关注电视上的新闻。为什么呢？因为无论是报纸还是电视，报道的全是案件、灾害、事故、犯罪等负面新闻。

“日本的教育非常差劲”“日本的政治相当糟糕”“黑心企业只考虑赚钱”“缺乏环保意识的消费者不负责任”等，一言以蔽之，目之所见、耳之所闻全是坏话和诋毁，难免让人心情沮丧。所以我决定不看报纸和电视，因为我不理解为什么要特意去看让人情绪低落的新闻。

大众媒体为什么只热衷于报道负面的事情呢？

这是因为负面消息更能吸引读者和观众的注意力。

◎ 负面标题更引人关注

美国马里兰大学的约翰·纽哈根（John Newhagen）通过调查

海量的电视新闻，证实负面标题更容易引人注意。

无论是报社还是电视台，必须要尽可能地争取更多的读者和观众，所以报道更容易吸引大众眼球的负面事件也就不足为奇了。

但是，读者若接触的全是这种负面新闻，心情难免会受到影响。一会儿是关于政治人物的非议，一会儿讨论“年轻人是垮掉的一代”，这种论调的新闻我是听得耳朵都磨出茧子了。

◎ 不要接触负面消息

如果想每天快乐地生活，那就不要接触负面消息。对这种新闻不闻不问，就可以开心地生活。

根据美国马萨诸塞州波士顿地区布兰迪斯大学的德雷克·伊萨科维茨（Derek Isaacowitz）的研究，在乐观性测试中得分高的人，都不看负面的信息。看来他们都会下意识地回避这样的新闻。

乐观的人之所以能一直保持乐观，是因为他们不接触让自己心情低落的消息。我觉得这真是个特别聪明的方法。

悲观的人倾向于只接收负面信息，所以变得悲观。只要他们能屏蔽掉类似的负面消息，也就不会那么悲观了。

◎ 社会人真的必须要了解时事新闻吗?

经常有人说“一旦踏入社会，不看报纸是不行的”，或者“不关注新闻是无法立足的”。但是果真如此吗？我基本不看新闻，也完全无关痛痒，反而这样我的心境没有受到影响。

不只是报纸和电视，书籍也是如此。

与其看让自己心情低落的书，不如读一些能激发勇气、让人心情愉悦的读物，更能保持乐观的心态。

吸引受众注意力的大众媒体

案件、事故、犯罪、灾害、丑闻
批判、逃难、诽谤、污蔑……

人的注意力在不知不觉间被这些负面消息吸引
正面的新闻却屈指可数

只要少接触负面消息，心情就会变得更加乐观

40 为什么案件报道之后，相似的犯罪会增多？

某个犯罪事件经媒体大肆报道之后，不可思议的是相似的案件有时会接连发生。这是因为电视带给人的影响远比想象的要深刻得多，有人受到感染，进而会决定“模仿犯罪”。

◎ 成功犯罪会使犯罪分子被视为“英雄人物”

当犯罪等恶性事件被媒体大肆报道之后，有必要小心提防一段时间。为什么呢？因为模仿同样案件的人会层出不穷。一旦发生犯罪性事件，相似案件很容易接二连三地出现。

美国印第安纳大学的罗伯特·霍尔登（Robert Holden）查阅并研究了美国境内发生的劫机事件。

霍尔登分析了78起成功的劫机事件以及38起劫机失败的案例后发现，特别是在劫机成功之后，相似的劫机事件会增多。

当新闻报道犯罪案例，特别是犯罪成功的案例时，犯罪分子很可能会被潜在的犯罪者当成英雄人物。所以看到新闻的人很可能受其影响，决定模仿犯罪事件。另外，劫机失败的时候，看报道的人会想，“果然多行不义必自毙，天网恢恢，疏而不漏”，模仿犯罪不会增加。

我们都受媒体的影响，所以在案件和事故发生之后，有必要小心提防。

◎ 接连发生与报道相似的事件

当新闻上报道电车色狼事件频发之后，类似色狼、变态的案件会层出不穷；媒体上报道飞机事故之后，飞机事故便会莫名地接连发生；有关便利店抢劫的报道出来之后，相似的抢劫案件也会接踵而至。

另外，当媒体对知名人士自杀进行大肆渲染之后，自杀事件会接二连三地发生。心理学将这种现象称为“维特效应”。

德国大文豪歌德1774年出版了书信体小说《少年维特之烦恼》。主人公维特历经无望的爱情、庸俗的社会、傲慢的贵族偏见等，最后举枪自杀。通篇充满忧郁的诗意，表现了一个时代的烦恼、憧憬与苦闷。这本书一经出版，引得很多青年步维特的后尘而相继自杀。

因此，媒体报道自杀之后的一段时间，自杀性事件接连发生的这种现象被称作“维特效应”。

◎ 电视带来的影响比想象的更加巨大

我们在看电视的时候，可能并不觉得电视会带给我们那么大的影响。其实不然，人在不知不觉间就会受到感染。

因此，当犯罪和案件发生的时候，我们不是要当个看客，觉得

“反正跟我没有关系”，而是要提高警惕：我的身边说不定就会出现这样的危险，周围有可能就潜伏着伺机模仿犯罪的人。

君子不涉身犯险，不立危墙之侧。当犯罪或事故被曝光之后，我们有必要采取一些防范措施，比如不要在半夜出门、不去偏僻无人的地方等。

君子不涉身犯险，不立危墙之侧
有修养、品德高尚的人知而慎行
不接近危险的事物，防患于未然

小心模仿犯

41 坦率地承认错误反而更轻松吗?

> 企业的丑闻不绝于耳。公司举行的道歉记者招待会也是千篇一律，事实上其中特意隐瞒真相的例子不胜枚举。隐瞒真相真的会更有利吗?

◎ 丑闻的暴露多是内部告发

最近感觉日本企业的丑闻是越来越多。大部分丑闻都是经内部告发才得以曝光，只有屈指可数的企业会自曝家丑并公布于众。

虽然俗话说“家丑不可外扬”，但是对企业来说，隐瞒恶劣的事实完全是百害而无一利。然而，事实上企业对于丑闻都是遮遮掩掩、讳莫如深。

坏事被曝光之后，即使企业出面致歉说“对不起”，也很难取得我们的原谅吧。与其说他们没有诚意，不如说我们不确定他们是不是诚心认错，所以才没有宽恕他们的意思。

企业尽快承认自己有失规范、行为不当的事实，要比继续隐瞒下去痛快多了。而且实际上也有可信的数据证实，尽快公开事实更能重获大众的谅解。

◎ 大方承认错误反而减少麻烦

2001年密歇根大学医院开创了全新的医疗纠纷处理项目，一旦发生医疗事故，医院就主动披露、坦诚地向患者说明事故原因并提出赔偿。

根据调查人艾伦·卡卡利亚（Allen Kachalia）的研究，在该项目开始前的6年中，医院平均每年有39起围绕医疗事故的诉讼。然而在宣布该项目之后，每年的平均诉讼降到了17起。

在未公开医疗事故的时候，医院的医疗诉讼非常多。这也许是因为站在患者的角度来看，只要觉得医院的处理方式不能令人信服，便马上会通过法律途径提出上诉。

但是，自从医院主动公开医疗事故之后，诉讼案件减少了一半以上。医院一方坦诚地主动披露，实属难能可贵。

另外，倘若发展到上诉阶段，纠纷处理的时间也缩短了30%。公开披露之前，处理纠纷的时间是1.36年，而之后只有0.95年。

将医疗事故公开后

➡ 诉讼减半

➡ 即使到诉讼阶段，处理纠纷的时间也缩短30%

◎ 早晚要揭穿真相，那么……

追根究底，即使是对自己很不利的事情，只要能坦诚公开错误，之后的麻烦反而会更少。

“要公开这个太难堪了，还是隐瞒起来吧”，这种想法是人之常情，我很能理解，谁也不愿意专门去做揭自己伤疤的事。

然而，不管隐藏得再好，也有真相大白的一天。既然早晚要被揭穿，索性自己主动公开，也会舒坦爽快一点。

隐瞒真相之后被披露，要付出更大的代价

42 挑起战争的心理机制是什么？

> “二战”之后，世界上的绝大多数国家没有再卷入战争的洪流，开始享受和平时代的安宁。然而世界并不太平，战争至今依然没有销声匿迹。这是为什么呢？

◎ 从挑衅到偶然冲突

日本汉字能力检定协会2017年公布了最能代表当年社会状况的“年度汉字”，“北”字以高票当选。每年选出的汉字都可谓是日本当年世相民情的缩影。虽然对“北”的理解是仁者见仁，但关于“北朝鲜”的报道和新闻好像不绝于耳，这是它当选的原因之一。

朝鲜和美国互相挑衅，不少人忧心忡忡：“这样不断地发生摩擦，不会升级到爆发战争吧？”

你有来言，我有去语，以牙还牙，以眼还眼，一旦上了对方挑衅的当，事态会朝着严峻的方向越演越烈。于是偶然的零星冲突不断，最终战争一触即发。

◎ 互相都是出于“自卫”

心理学上有一种“镜像效应”的现象。

美国康奈尔大学的心理学家尤里·布朗芬布伦纳（Urie

Bronfenbrenner）分析了美苏冷战的历史之后，提出了下面的说法。

假设，A国和B国互相敌视。在这个时候，A国沿着B国的国境线建立了颇具规模的军事基地。由于A国不知道B国何时会发动进攻，所以预先建立基地，以便自我防卫。

然而，B国认为这座基地是A国一定会攻打自己的信号，因此紧急扩张军备。当然也是出于自卫的心态。

但是当A国看到B国突然开始扩张军备，便惊慌失措，觉得“B国这是真准备攻打过来了”。

就是这样，双方互相在不断扩张军备的过程中，真的发动了战争。这就是布朗芬布伦纳的分析。

◎ 防止镜像效应

如上所述，其实是自己敌视对方，却认定是对方敌视自己，也就是将自己从镜子中折射出的影像当作是对方的面貌，这种现象被称作“镜像效应”。

我们暂且不讨论双方孰是孰非，总之由于镜像效应，双方敌视的情绪会不断升级，这样下去极其危险。

冷静下来，仔细分析一下，“正如我们看对方不顺眼一样，对方很可能也有正当的理由对我们不满”。如果不这样换位考虑，就很难阻止镜像效应发挥作用。

当然这里所说的情况并不仅仅限于国与国之间，在普通的人际关系中也能观察到镜像效应。

“都是你的错”“不对，明明是你错得更离谱”，出现这样的争吵，虽然无法与国家间的纷争相提并论，不会导致惨痛的悲剧，然而，如果双方不停止互相的敌视，关系肯定会不断恶化，所以还请谨慎处理与他人的关系。

镜像效应

43 与媒体中出现的优秀人物相比是禁忌吗？

有些人经常拿自己和更优秀的人比较，进而妄自菲薄："为什么我不如人呢？"这种个体利用他人作为比较的尺度，来进行自我评价的行为被称作"社会比较"（social comparison），是令人们内心愤懑不满的一大原因。

◎ 最好别和更优秀的人相比

当我们看到电视上出现某个偶像或明星时，会心生羡慕，"哇，好想成为这样的人"，这种憧憬是好事。树立了适合自己的榜样，便可以努力奋斗，逐渐向榜样靠近。

然而，在现实中拿自己和女演员或者模特相比之后，心情低落的人不在少数。甚至，这样的人比上面所说的向榜样学习的人还要多。

自不待言，电视或杂志里出现的模特是万里挑一。她们身材窈窕、魅力四射，理所当然与众不同，所以不要和这些人去比较。

◎ 妄自菲薄，没有任何好处

美国华盛顿大学的黛安娜・琼斯（Diane Jones）曾做过一个

实验，她让80名高中生将自己与大众传媒上出现的同性模特相比。结果显示，无论男性还是女性，在比较之后对自己的不满程度都有所提高。

心理学上把这种将自己和他人比较的行为称作“社会比较”。拿自己和更优秀的人做社会比较的话，只会怅然若失，因此最好不要将比自己更优秀的人作为标杆。

各位无论是在看电视，还是看杂志的时候，千万不要把自己跟模特相比，这样才能始终保持心理健康。

◎ 让石川啄木自叹不如的对象

石川啄木（1886—1912）是日本明治时期的和歌诗人，24岁便创作出“那日朋友皆似在我之上，去买花来，与妻共赏”这样的短诗，发出了“朋友都变得优秀有为，自己却如此可怜可叹”的感慨。

那石川啄木究竟是把自己和谁相提并论，才发出了这样的感叹呢？可能是语言学家金田一京助（1882—1971）和小说家野村胡堂（1882—1963）。前者是东京大学的教授，后者是大报社的明星记者，也就是他和这样的人物相比，才会顿生垂头丧气、情何以堪之感。

把自己和层次更高的人相比，谁都不免会情绪低落，这是人之常情。

所以无论任何时候都不要拿他人作为标杆。因为，刻意这样做只会让自己的心情跌进谷底，完全没有任何好处。

44 体育的胜负是由队服的颜色决定的吗?

应该很多人都知道红色有激发斗志、提振精神的效果，但是各位读者知道红色对心理的影响究竟有多大吗?

◎ 红色——燃起斗志的火焰

在体育比赛中，队服颜色的重要性超乎我们的想象。

穿什么颜色的队服参加比赛，对最终的胜负是有影响的。也就是说，比赛从一开始就是不公平的。

在色彩心理学上，我们知道红色能让竞争意识的火苗燃得更旺。因此，穿红色队服让人精神振奋、斗志昂扬，“来吧，战斗吧!”“我绝不会输的!”，进而发挥出超乎寻常的实力。

比如，高喊着“燃烧吧，斗魂”的日本职业摔角选手、综合格斗家以及参议院议员安东尼奥・猪木在担任摔角选手的时候就是围着鲜红色的毛巾，穿着鲜红色的短裤。

◎ 穿红色的获胜比率是55%?

“穿红色队服的选手更占优势?”这个假设是有依据的，有人对这种说法进行了验证。

英国杜伦大学的拉塞尔・希尔（Russell Hill）在《自然》杂志

上发表了一篇有趣的论文。

希尔搜集并分析了2004年雅典奥运会中希腊罗马式摔跤、自由式摔跤、跆拳道和拳击这4个项目，共457场比赛的结果。

选手在上述比赛项目中，都身着红色或蓝色的队服。希尔调查了身着红色服装的运动员是否能赢过身着蓝色服装的运动员。

结果显示，在上述所有四个比赛项目中，身着红色队服选手的获胜率更高，整体的综合获胜率为55%。

无论是穿红色还是蓝色服装，理论上胜率应该各为50%，但是实际身穿红色服装的运动员的获胜率要高出10%。

	▼获胜率
红色	55%
蓝色	45%

◎ 红色在商业领域也有效果

在比赛中，队员必须身着队服，但队服的颜色竟然能影响到比赛的胜负，想必奥林匹克委员会的人都没有发觉其中的奥秘吧。

在奥运会出场的大部分选手，实力其实都难分伯仲，彼此间成绩的差距是微乎其微。

因此穿着在心理上更有利于发挥的颜色的服装，虽然听上去十分微妙，却对比赛的胜负起到很重要的作用。

各位读者中如果有从事体育项目的人，无论在比赛还是平时训练中，统一都穿红色的服装可能会大有裨益。因为身着红色服装在比赛中获胜的概率更大。

顺带说一下，在生意场合中，比如参加重要的贸易谈判时，最好佩戴红色领带，因为这样能让自己斗志激昂、精神振奋。

红色点燃斗志的火焰

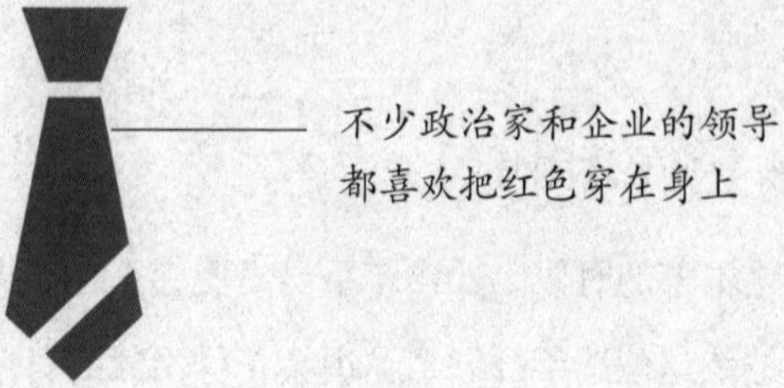

45 为什么铜牌得主比银牌得主显得更开心呢?

> 看体育比赛颁奖典礼的时候，第一名和第三名的选手都喜笑颜开。相比之下，很多银牌得主却多少显得有点强颜欢笑，甚至伤心落魄。这是为什么呢?

◎ 冠军和季军笑逐颜开

在我写作这本书的时候，2018年平昌冬奥会正在如火如荼地进行。日本羽生结弦这位选手蝉联了冬奥会花样滑冰的男单冠军，展露了非常迷人灿烂的笑容。

但是看奥运会颁奖典礼的时候，不知道读者朋友留意到了没有。无论是哪种竞技、哪种项目，银牌得主都显得有点闷闷不乐。

不管是冬季奥运会、夏季奥运会还是世界锦标赛都是如此，银牌得主没有那么兴奋。开心的总是获得金牌和铜牌的选手。银牌得主表情微妙，可以说板着脸，或者苦笑着，总之并没有那么喜笑颜开。

◎ 亚军:“我痛失金牌”，季军:“我喜获奖牌”

美国康奈尔大学的维多利亚 · 梅德维克（Victoria Medvec）确

认了这种现象。

梅德维克分析了美国全国广播公司NBC报道的1992年巴塞罗那夏季奥运会。她具体是如何分析的呢？梅德维克研究了各种比赛得奖选手在领奖台上的表情。

我们可以想象，获得金牌的选手露出的笑容是最灿烂的。获得了世界冠军，肯定是最开心的。

然而，反观亚军、季军选手，铜牌得主绽放的笑容要远比银牌得主灿烂。为什么第三名比第二名还开心呢？

梅德维克的分析如下：获得第二名的选手在决赛中输给了第一名，所以获得银牌。也就是说第二名的头脑中不是我“喜获银牌”，而是我输给了第一名“痛失金牌”。

另外，银牌得主还有“再努力一点就能得第一了”“离第一名仅有一步之遥”这种后悔或惋惜之情，所以亚军虽然是一人之下、众人之上，但是错失金牌的遗憾和委屈之情溢于言表，很难一展笑颜。

但是第三名选手的情况就不一样了。

第三名在比赛中“赢了”，拿到了奖牌。铜牌得主的心态是松了一口气：“啊，太好了，总之拿到奖牌了！”如果是第四名就没有奖牌了，获得第三名，幸好还能拿块铜牌，所以欣喜若狂。

正是因为上述这种心理的差异，所以银牌得主像吃了黄连似地板着脸孔，有苦难言。铜牌得主虽然成绩逊于银牌得主，却笑容满面。

我们了解这些以后，再观察站在领奖台上选手们的表情，可能会觉得更加富有趣味。

每个人因情绪不同
表情会呈现微妙的差异

46 提高文明礼貌的秘诀是呼吁“大家共同做”吗?

即使有人对我们说“为了保护环境，请……”，我们可能会想:“只有我一个人行动，势单力薄，收效甚微。”这样就导致环保措施很难得到贯彻执行。其实说服别人是有诀窍的。

◎ 只有我一个人，不行动也无妨

有些酒店在推行不要浪费卫生纸或者重复利用毛巾等环保活动时，很难得到客人的支持和配合。

大家知道这是为什么吗?

其中的问题就出在酒店方倡议客人的方法上。

我们经常看到“珍惜有限资源”“爱护美丽地球”等标语，但是客人看到这样的呼吁，是不会心动进而采取行动的。

当然，为了保护环境肯定要做这些力所能及之事，可面对这样的倡议，人不免会产生“道理我都明白，但应该不差我一个人吧”这种心态，因此不会付诸行动。

那要怎么做，才能让大家都参与到环境保护的活动中来呢?

◎ 大家都在行动

美国芝加哥大学的诺亚·戈尔茨坦（Noah Goldstein）认为，更换一种呼吁方式可能会更有效果。

戈尔茨坦想出的呼吁方式是“大家一起行动”。通过加入这种宣传，也许会有更多的客人照做。

呼吁“大家一起行动”，就不会产生“应该不差我一个”这种心态。

戈尔茨坦认为，群体行为的认知是一股强大的推动力，如果提出“大家一起行动”，个人很可能会产生从众心理，“那我也参与吧”。

于是他邀请一家宾馆的老板参与一项为期80天的实验。具体是在一段时间内，酒店客房里贴着“保护环境，人人有责”这样单纯的环保标语。然后，戈尔茨坦调查了酒店客人重复使用毛巾的情况，结果只有35.1%的客人听从了标语提示。

接下来戈尔茨坦把贴纸标语的内容变为“敬请所有客人共同努力”，结果有44.1%的客人重复使用了毛巾。可能有人觉得这个数量还是很少，但是重复使用毛巾的客人已经增长了近10%，可以说这种方法大体上是成功了。

◎ 不会形成“如果只是我的话就算了”

“大家都在参与”这种说法是说服别人的一种有效方式。

如果听到“大家都不愿意闻烟味”，就不会有人愿意做个例外继续吸烟了；听到“大家都在遵守”，就不会有人特立独行，还坚持把自行车停在马路上了。

要推动别人参与的时候，呼吁“所有人都在做”可以提高说服力。大家知道这点后，在宣传或推广新政策时会更为顺利，所以还请务必牢记于心。

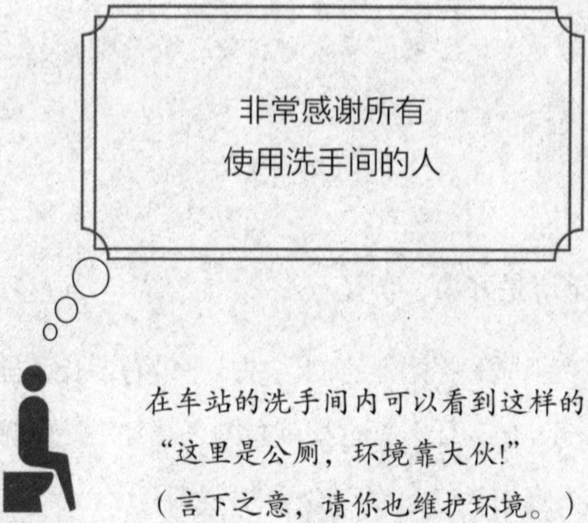

在车站的洗手间内可以看到这样的标语：
“这里是公厕，环境靠大伙!”
（言下之意，请你也维护环境。）

47 捐赠器官的人数没有提高，问题在于注册方式吗？

我们对于“特意要做什么事”，会感到极强的心理阻力。即使要做的只是芝麻绿豆的小事，只要我们觉得麻烦，便会常常弃之不做。捐赠器官的人数没有增长，就是出于这个原因。

◎ 尽管觉得是好事，但是……

在日本，表示愿意捐赠器官的人数几乎没有增长。虽然有铺天盖地的宣传活动，但为什么器官捐献者的人数几乎没变呢？

莫非日本人真的是如此冷心冷面的民族吗？

非也非也，当然不是这样。

其实美国和日本一样，捐赠器官人数也没有增加。

美国的一项调查显示，85%的美国民众认为“捐献器官是好事”，但是到签字同意的时候，只有28%的人愿意。这和日本的情况真的是如出一辙。

◎ 捐赠器官人数极多的原因

美国哥伦比亚大学的埃里克·约翰逊（Eric Johnson）指

出，美国捐赠器官人数没有增加的原因是“器官捐献者的注册方式不恰当”。

根据约翰逊的调查，波兰的器官捐献率高达99.50%，法国为99.91%，匈牙利甚至达到了99.97%，高得实在令人难以置信。约翰逊指出，这是因为在上述国家中，捐献者的注册方式与美国不同。

在美国是问受访者“是否愿意捐赠器官”，所以捐献人数没有增加。在这种方式中，若受访者不积极回应同意捐献，则视为不愿意捐献。

然而在那些捐献率接近100%的国家，提问的方式正好相反。也就是说，若受访者没有明确表示“不愿意捐献”，则自动视为同意捐献，受访者会被登记在册。

如果美国也采用同样的方式，器官捐献者的数量应该会大幅增加。

在日本也是一样，如果用这种登记方式，捐献人数可能也会突飞猛进。

◎ 即使是一点小事，很多人也因怕麻烦而放弃

当遇到麻烦事的时候，我们对“特地要做什么事”很容易产生抵触感。

可能有人觉得主动表示“愿意捐献器官”，签个名并不麻烦啊，但是人的心理就是：只要稍微有一点阻力，就容易产生心理障碍而放弃。所以，如果能省去麻烦的程序，捐献器官的人数会飞跃

式增加。

网络购物也是如此，如果步骤繁琐，需要我们点击或输入好几次的话，即使有想买的东西，很多人也会放弃购物。全球最大的互联网巨头亚马逊成功的原因就在于“一键式便捷下单”。

另外，增加会员最简单的方法就是省去所有麻烦的手续。人就是倾向做最省事儿的选择，即使遇到一点麻烦，也会有心理阻力。

我们的行为倾向于从“麻烦”往“便捷”方向转移。
网络购物兴盛，似乎就是因为它的“便捷”。

48 在竞选中当选是由候选人的“颜值”决定的吗?

当你听到“竞选的胜败是颜值决定的”，是不是会认为“啊？不可能吧”。但是有研究表明，靠脸预测当选结果竟有七成的准确率，可信度是相当高的。

◎ 和优惠的政策或清正廉洁的人品没有关系？

一般我们认为，要成为政治家必须具有推动优惠政策的能力，要高瞻远瞩、人品清廉……

然而，现实的情况和上述这些品质似乎没有关系。

为什么呢？因为选民票选政治家的标准主要是看“脸”。可能很多人觉得难以置信，下面就给大家介绍一项研究事例。

◎ 看脸有七成的预测准确率？

美国普林斯顿大学的亚历山大·托多罗夫（Alexander Todorov）表示:“如果仅根据候选人的脸推测其当选概率的话，有七成的准确率。”

托多罗夫曾做过一项实验，他找出两张竞选2004年美国参议院候选人的脸部照片，放在一起询问实验参与者:“你会把票投给谁呢？”他发现如果观察“某个线索”，就有高达68.8%的准确率可以预测哪一方当选。

随后托多罗夫针对2000年和2002年的选举做了同样的实验，参与者事先并不知道谁会竞选成功。3次实验综合起来看，竟有71.6%的准确率可以推测谁能当选。

那么上面说的要观察的“线索”是什么呢？

这是一个看脸的社会，颜值肯定很重要吧？是不是帅哥或美女更容易当选呢？

不是，还真不是这样。

◎ 重要的是看上去有多大的能力

根据托多罗夫的研究，应该关注的是候选人的“能力”。能力这里是指看上去有多少智慧和才干、有多能做事。

托多罗夫问参与者，各个候选者“看上去有多大能力”，结果显示，看上去越有能力的脸，当选概率越高。

只看脸大概就可推测一个人工作能不能成功，同样的道理，是否能在选举中脱颖而出成为政治人物，只看候选者的“面相”，差不多就一目了然了。

我自己虽然不会相面，但是用心理学的知识就可以知道哪位候选者能当选。实际上就是“看上去有才能”的人更容易当选。

◎ 娃娃脸的人不适合当政治家？

顺便说一下，我们都喜欢“看上去可爱的脸”，也就是喜欢

“童颜的娃娃脸”。有童颜脸的人虽然更受欢迎，但是不适合当政治家。

拥有娃娃脸的人看上去像个孩子稚气未脱，非常可爱，但是容易给人一种“不怎么有能力”或者“不可靠”的感觉，所以很难当选。

芬兰赫尔辛基大学的帕努·波特瓦拉（Panu Poutvaara）曾经给受访民众看了2003年芬兰议会选举中868名男性和917名女性候选人的脸部照片，询问他们觉得哪些人拥有娃娃脸。结果显示，越是看上去有童颜脸的候选者，越容易在选举中落败。

总之，我们虽然希望成为政治家的人都有出色的政策，但是选民（姑且不论是有意识还是无意识）未必会根据这点判断。现实往往是“三观跟着五官走”，选民只看脸就做出了判断。

还请务必用这个观点验证下次选举的结果
肯定会有新的发现

49 真的有所谓的“国民性”吗？

> 不可思议的是，很多研究都表明不同的国家确实有该国特有的“国民性”。下面我们就来介绍其中的一部分。

◎ 全体国民的个性

虽说“千人千面，百人百性”，但是各个国家的国民确实有某种特有的“国民气质”。日本人有典型的日式性格，美国人也有美式性格。

当然，各个国家中国民的性格各不相同，每个人都有自己独特的个性，而且个体差异大于民族差异，但还是存在共通的类似国民性心态的。所谓的国民性就是全体国民的特质和个性。

◎ 关于“易怒性”的研究

英国牛津大学的约瑟夫·福加斯（Joseph Forgas）曾针对欧洲各国“易怒”的国民性做过一项研究。

福加斯是如何研究的呢？他的调查方式非常独特。

他调查了一批等红绿灯的开车人士。当红灯变绿的时候，如果前面的车纹丝不动、稳如泰山，后面的车可以忍耐多久？通过这种方式来分析国民的易怒性。

当红灯变绿的时候，福加斯用秒表测量了后边的车等多久会按喇叭。实验表明，最易发怒的是意大利人，大约5秒后就鸣笛了。

排名第二的是西班牙人的6秒，接着是法国人的7秒。忍耐力最强的是德国人，7.5秒后才会按喇叭。

如果在日本也进行同样的调查，会怎么样呢？我有点好奇日本会得到什么样的结果。

当然，单凭这种研究方法就给国民性下片面的判断是非常不妥的，尽管如此，还是可以说这个研究提供了有趣的数据。

◎ 关于“纪规律性”的研究

还有一项调查多国“纪规律性”的研究。

有研究者通过调查各国主要银行里的钟表是否走得准时，有没有及时校对误差来比较国民的认真程度和规律性。报告表明最认真的是日本人。日本人对时间要求极为严格，只要钟表略微有点误差，便会马上调整。有的国家会差一两分钟，还有的国家银行里的钟表竟然能差30分钟。

◎ 关于“急躁度”的研究

另外，还有一个研究，通过测定各个国家首都居民走100米的速度，来调查国民性中的“急躁度”。具体结果我记不清了，实在抱歉，但隐约记得在这个研究中日本人的排名也非常靠前。

第六章

工作与职场的心理学

50 只因文件夹的重量就会改变人的决断吗？

人的决断只因文件夹的重量就会改变，你可能觉得这种事一下子令人难以置信。但事实上，细枝末节、微不足道的事情真的会对人的心理产生影响。

◎ 毛羽之轻的事情会影响人的心理

即使是寸丝半粟这等微小事情也会影响人的心理。我们可能完全没有注意到，但是在不知不觉中就会受到超乎想象的影响。

比如要规划一个新项目，听取公司员工的看法，博采众议。这个时候公司准备了A、B两种文件夹，A文件夹微重，B文件夹略轻。

两种文件夹中的意见征求表是完全一样的。

拿到A这种颇有重量的文件夹填写调查表的人，很多都认为“项目看上去太难做，放弃比较好”或者“这个计划很难执行下去”。

相反，拿到B这种重量较轻的文件夹回答意见征求表的人，大部分给出的意见都相对乐观一些。

为什么会有这么大的差别呢？因为拿到较轻文件夹的人，会感觉项目的前景和计划的实施性没有沉重到难以接受。

各位可能很意外，“就只是因为文件夹的重量？”但事实的确如此。

◎ 有重量的话让人认真思考

德国奥斯纳布吕克大学的凯·卡斯帕尔（Kai Kaspar）准备了较重（2026克）和较轻（576克）两种文件夹，并在里面夹上了完全一样的女性照片。他调查了100位男性：“你觉得照片中的女生有多难追？”

手持较重文件夹的小组，大多给出的判断都是“感觉很难追”。

当我们拿着很有重量的东西时，会有很强烈的“看上去好难啊”这种心理感受。当然我们自己基本注意不到这种事情。

也就是说，物理上很有重量的东西会让我们心理上也感觉“繁重”，而手拿很轻的东西，心理上也会感觉“轻松”。

◎ 有效地使用有重量的钢笔

因此，当我们有重要的约定或者索要签名的时候，不要拿轻飘飘的笔，要拿钢笔这样有重量的东西让对方写字，效果会更好。这样对方心理上也会感觉被尊重。

如上所述，只是一点点的改变就会对我们的心理产生很大的影响，希望大家记住这点并灵活运用。

手拿较重的东西 → 心理上感觉“繁重”
手拿较轻的东西 → 心理上感觉“轻松”

51 “周一忧郁症”真的存在吗?

日本家喻户晓的动画片《海螺小姐》常年都在周日晚上6点半播放。每当《海螺小姐》结束之后，观众就会有周日假期结束，明天要上班或上学的想法，紧张、繁重的一周又要开始了，于是变得闷闷不乐，所以日本有“海螺小姐征候群”的说法，也就是“周一忧郁症”。要怎么做才能避免出现“周一忧郁症”呢?

◎ 什么样的人会患“周一忧郁症”呢?

是不是不少读者每到星期日，就会想到:“啊！明天又要工作了……”不免唉声叹气呢?似乎到了周一，很多人的心情都很低落，感觉提不起劲儿，这种现象被称作“蓝色星期一”（Blue Monday），也叫“周一忧郁症”。

不过，这种现象真的存在吗?

直接从结论来看，可以说这种现象是“确实存在”的。

然而并非所有人都会患上“周一忧郁症”。只有某些特定的人周一会陷入心情低落的烦恼。

那具体是什么样的人会出现这种症状呢?答案是“只有相信这种现象的人”才会得“周一忧郁症”。

也就是说，在现实中只有那些感觉自己“到了周一心情就很低落”的人，才会被“蓝色星期一”所困扰。

◎ **只是臆想吗?**

英国圣詹姆斯大学医院的翟理思·克罗夫特（Giles Croft）曾经做过一项实验，他请实验的参加者两周内每日接受心情变化的测试。

另外，克罗夫特还问参加者：“你相信‘蓝色星期一’吗？还是你觉得这种说法仅仅是无稽之谈呢？”

结果显示，确实有实验参加者的心情在周一会比一周的其他日子低落。但是这仅限于相信“蓝色星期一”的人。

对于那些本来就不知道“有周一忧郁症”，或者根本不相信这种现象的人，周一并没有出现大的心情起伏或情绪低落。

换句话说，“蓝色星期一”仅仅是当事人的臆想。

◎ “蓝色星期一”的预防与对策

正因为有人觉得“一到星期一我就郁闷啊……”，所以心情真的会低落下来。如果可以摒弃杂念，也就能抑制“心魔”，让自己不被“蓝色星期一”所困扰。

“病从心上来”就是这个意思，思虑太过容易伤身，心宽才能心安。

话虽如此，但是现实中还是有不少人到了星期一就提不起劲，饱受“周一忧郁症”之苦。

有这类烦恼的人，可以通过一些方法来预防低落和压抑的心情，比如周日晚上早点就寝，或者周一早上吃顿丰盛的早餐等。

此外，我还建议这些人为星期一增设一点小乐趣。

我自己特别爱读《周刊少年Jump》[1]，这部漫画杂志正巧是每周一发售。所以正好相反，我每到周一都喜不自禁地工作，因为一下班我就多了一项快乐。因此我从没有出现过“周一忧郁症”。设计一些乐趣可以改善情绪，让周一成为特别的一天。

---

[1] 《周刊少年 Jump》于 1968 年创刊，是日本发行量最高的连载漫画杂志，刊登过很多人气超高的漫画作品，例如《足球小将》《圣斗士星矢》《七龙珠》《浪客剑心》《灌篮高手》《火影忍者》《网球王子》《海贼王》和《鬼灭之刃》等。

52 爱操心的人在工作中表现更好吗?

爱操心的人担心这个，担心那个，做事总要精心准备一番才行。这样的人虽然辛苦劳累，但是不会经历大的失败，甚至可以成就一番事业。

◎ 正因为操心，所以工作可以做到滴水不漏

英国伦敦大学金史密斯学院的亚当·帕金斯（Adam Perkins）发表过一篇让人震惊的论文，他表示爱操心的人（worriers）更容易成为赢家（winners）。

我们好像觉得爱操心的人细致到连没有价值或芝麻绿豆点的小事都要管，劳心费神不说，还出力不讨好。但事实似乎正好相反。

帕金斯在调查过一家金融公司后发现了一种明显的现象：越是爱操心的人，在工作中表现（成绩）越好。

为什么爱操心的人在工作中更出色呢?

其中的原因就是：爱操心的人为了消除自己的不安，做他人不做之事，时时刻刻做好万全的准备。如果不事先做好精心的准备，确保万无一失的话，他们就会心神不宁，因而工作可以做到无懈可击。

◎ **事无巨细、追求完美是他们的行为准则**

比如，爱操心的人接到了一项拜访客户的任务。

如果是一般的人，会在网上先搜一下客户信息，约好时间就完事了。

但是爱操心的人只做这些可没法让自己安心。他们要亲自前往客户那里踩点，以顾客的身份先实际调查店员的意见和反应。另外他们会先确认好洗手间的位置，以免给客户添麻烦。不仅如此，他们还会考虑客户公司附近是不是好打出租车等。

此外，他们如果不事先为拜访找好风趣又有情商的话题，不在网上收集好能取悦客户的信息，就会坐立不安。

如果爱操心的人不做好上述这些细致的准备，就无法打消自己的担心。也正是因为他们万全的准备，才能赢得客户的欢心，出色完成拜访任务。

◎ **爱操心的人不会经历大的失败**

无论做任何事情都是这样，不能打无准备之仗，事先精心准备可以事半功倍。可以说爱操心的人，即做好万全准备的人，理所当然更容易成功。

参加升学考试的学生也是如此。那些担心“自己比较笨，若不付出他人3倍的努力就考不上大学”的人，是不是更能取得好成绩呢？而那些觉得“车到山前必有路”的同学，每日优哉游哉，不怎么用功学习，最后无法金榜题名。

在工作中也是这样，连微不足道的事情都放在心上的人，反而会成他人所不能成之事。

也许周围有人奚落过你“你真是杞人忧天啊”，但是爱操心绝对不是坏事。你应该庆幸自己是这种性格，正因为爱操心，所以不会经历大失败。

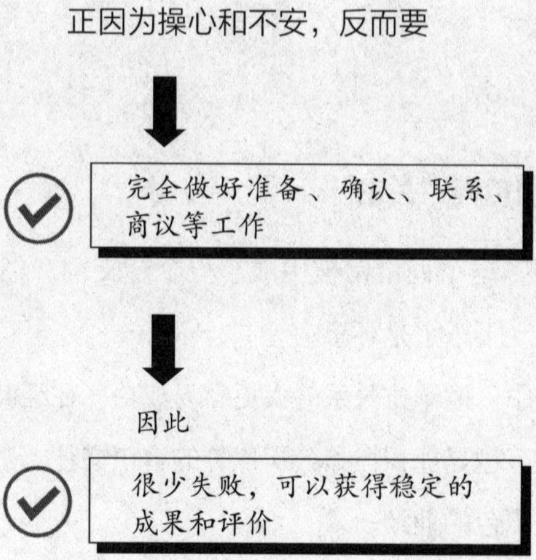

53 积极建立人脉的人更容易成功吗?

在各位的公司里，那些工作得风生水起的都是什么样的人呢？面对工作干劲十足、处事麻利当然不用多说，令人意外的是，除了工作能力本身之外，他们也更重视人际关系。

◎ **更加重视“关系”**

“关系”这个词常常被用成了一个贬义词，但是努力“拉关系、建人脉”不一定是坏事。

在公司中，擅于拉关系的人更容易成功，在经商和销售领域也是。很明显，越是能积极和公司以外的客户交往、搭建人脉的人，越容易取得出色的业绩。

“不管怎样，我只满足把分内的事情做好！”用这种单打独斗的态度处事，事业很难一帆风顺。

那些不擅长处理人际关系的人想在职场中如鱼得水、平步青云恐怕难于上青天。

社会就是在人际关系的基础上建立起来的，如果不去拓展人脉的话，很难在社会中立足。

◎ 人脉就是钱脉，与加薪、升职有直接的联系

德国埃尔朗根－纽伦堡大学的汉斯－格奥尔格·沃尔夫（Hans-Georg Wolff）对从事服务业、制造业和运输业等行业的455名员工进行了3年的跟踪调查，旨在探究“什么样的人更容易成为成功人士”。

沃尔夫将加薪的程度、升职的次数作为“成功”的指标。他发现那些在调查的3年期间不断成功的人都有一个共同的特征，这个特征就是“积极地搭建人脉关系”。

沃尔夫用的词是“形成关系网”，归根到底也就是“建立人脉”。根据他的研究，那些努力“搭建新的人际关系”“主动和其他部门的人应酬来往”，以及“积极和公司之外的人交往”的人，更容易升职加薪。

◎ 人际关系举足轻重

各位所在的职场是不是也是如此呢？

有些人和谁也不打招呼，不爱和人讲话，只是默默地做自己的工作，他们不是在人事考核中非常出色，很快就升职了吗？我想事实恐怕未必如此吧。

那些时常带着微笑，见到谁都主动问候，平易近人，无论跟谁都能打成一片，闲聊之中把气氛烘托起来的人，在职场上非常受欢迎，工作也做得风生水起。为什么呢？因为这样的人情商高，不容易树敌。

即使工作完成得并不尽善尽美，但是对大家和蔼可亲，让人如沐春风，必然有升职加薪的机会。相反，不管工作完成得多出色，但是拒绝人情世故的话，在当今的社会，处处碰壁只怕是家常便饭。

建立人脉也和工作评价直接挂钩

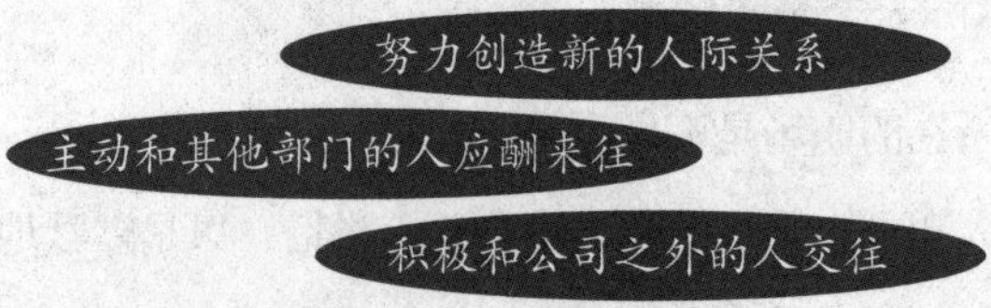

→ 要重视人际关系！

54 工作要想速战速决，站着做决定更好？

为自己做不了决定而烦恼的人可能并不在少数。其实没有关系，从今往后，当你再优柔寡断的时候，请尝试站起来，应该可以当机立断。

◎ 下不了决断是因为坐在椅子上？

有不少人做事拖泥带水又缺乏决断。一到要做决定的时候，他们就犹豫这个、纠结那个，举棋不定。在如今快速运转的商业环境中，迟疑不决可能会引发致命的问题。

虽然如此，判断力这种鉴别和决策能力并非与生俱来的本领。只要掌握一点方法，就能在很大程度上改善犹豫不决的毛病。

而且，掌握这种方法易如反掌。

具体是什么方法呢？那就是当你要做决定的时候，可以“站起来”判断。坐在椅子上思考容易优柔寡断，如果站起来做决定，可以轻而易举地得出结论，这真是一个特别简单的方法。

也许有人对此半信半疑，觉得这是哗众取宠的花招：“就这种雕虫小技真能帮助我们快速做决定吗？”下面就给大家介绍一个实验。

◎ 决定时间能缩短30%?

美国密苏里大学的亚伦·布鲁多恩（Allen Bluedorn）曾做过一项实验，他让5个小组分别对一个课题做出判断。这个课题是“如果宇宙飞船出现故障，要在月球生活的话需要哪些必备用具”，请小组按照用具的优先顺序排序。

其中半数的小组站着开会，而另一半小组坐着讨论。

从讨论到最后做出决定，两种小组分别需要多长时间呢?

根据布鲁多恩的测定，站着讨论的小组用时589.04秒，而坐着研究同样课题的小组则用了788.04秒。也就是站着做决定可以缩短多达33%的时间。

站着做决定更能速战速决

→ 实验结果表明所需时间
能缩短三成

◎ 海湾战争的胜利与此有关?

“我就是很迷惘，老是瞻前顾后，非常优柔寡断。”

“我的思绪一团乱麻，没办法只选一个啊。”

估计有上述烦恼的人不胜枚举。这个时候无论如何请尝试从椅子上站起来。比起坐在椅子上思来想去，站着应该更能迅速做出决定。

海湾战争的时候，美军采用了所谓的“站立式会议”（Standing session），也就是站着开会。以站姿讨论代替了过去的坐姿，速战速决，当机立断。日本经济评论家浅井隆在《胜利者的经济学》中甚至称这种做法是美军胜利的真正原因。

我们坐下来的时候腰一塌下来，大脑容易放松，精神变得涣散，也就无法迅速做出判断。正为自己的优柔寡断而烦恼的人，请一定要尝试站着做决定。

55 会议的主导者是由“座位”决定的吗？

若与会人员的年龄和职位都一样时，例会或会议的主导者是不是经常由座次决定的呢？无论男性还是女性结果都是如此。

◎ 容易成为会议主导者的座位是特定的

开会的时候，大多数情况都是企业中的高层人士出任会议议长职务。

但倘若会议议长的职位没有确定，那究竟该由谁来担任呢？

事实上，会议的座次便决定了哪个人担当会议议长。当然，具体和个人的性格、年龄、气场以及工作能力等有关。但是当这些条件均相同时，会议的座次就会起到至关重要的影响。

当职位平等、年龄相同的人聚在一起开会时，座位决定了谁能成为会议主导者。

那么坐在什么位置更容易成为主导者呢？答案是圆桌的话，坐在上座（主位）；方桌的话，坐在短边上的人。坐在谁都能方便看到的位置上，不知不觉就会成为主导者。这与个人本身具备的领导才能几乎没有关系。

◎ 超过七成的人回答一致

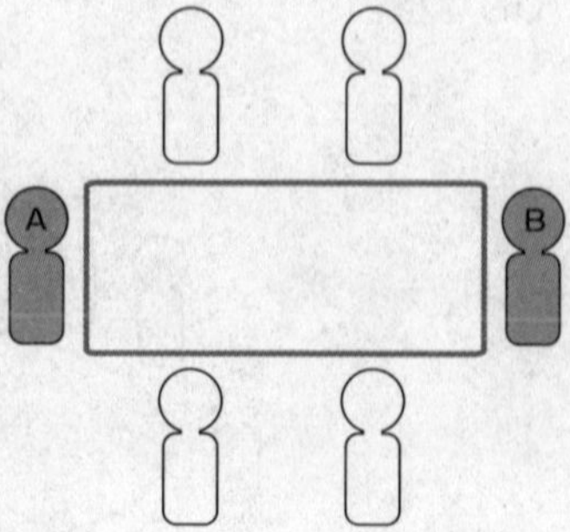

美国内华达大学的丹妮尔·杰克逊（Danielle Jackson）曾做了一项调查。她让参与者看了右边的图片，并问他们会选哪个人当领导。

调查显示，70.5%的人回答会选择坐在两个短边位置上的人（A和B）当领导。

无论坐在A和B位置上的人是男性还是女性，调查结果是一致的。

◎ 想要别人采纳自己的计划需注意座次

如果各位读者想在会议上发挥自己的领导力，一定要尽量确保自己坐在主位或主位附近，这样才更容易掌控场面。

职场人士若想让别人采纳自己的意见、赞成自己的计划，确保自己坐在更容易发挥领导力的座位上是先决条件。坐在主位，自己的领导力可以水涨船高，更上一层楼。但是若坐在不引人注目的位置上，很难发表强势的意见。

另外，如果出席会议的人数达到一定规模的话，相比短边的位置，坐在最中间的主位（C或D）更好（见下页图）。

这个时候坐在正中间，比坐在边上的人更容易成为主导者。

无论是偶像团体，还是日本特摄系列《超级战队》，大部分站在C位的人都被看作是灵魂中心人物。

站在边上的人不容易引人注目，所以发表的意见也很难得到别人的尊重。

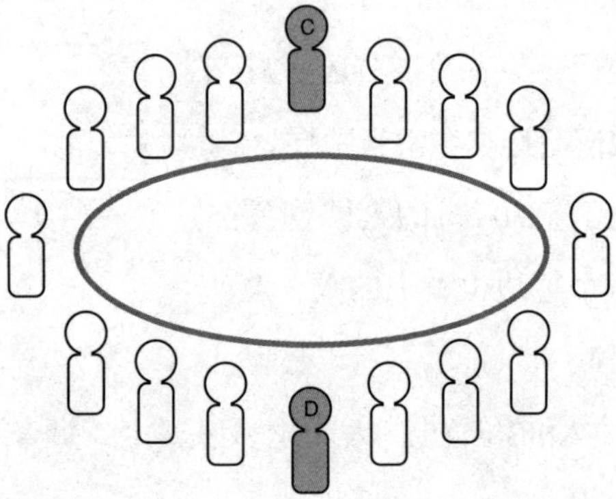

56 口头传递坏消息会令对方讨厌?

好消息我们都想当面直接告诉对方，但是坏消息总是让人难以启齿。要传达坏消息时我们应该如何是好呢?

◎ 对坏消息三缄其口

如果各位现在要告诉朋友或家人一个消息。

恐怕大家告知的方式，会根据消息内容的好坏有所改变吧?

如果要传递的是好消息，我们都倾向于当面告诉对方，想和对方一起分享喜悦。

“某某人亲口告诉我说很想跟你交往哟。”

“我去看了录取的名单，你榜上有名啊!”

面对上述这样令人欣喜的消息，我们都愿意直接告诉对方。

但是，如果要传达不尽如人意的坏消息时就不一样了。这个时候，我们倾向于写个便条或者邮件，避免亲口告诉对方。因为当面说的话会令双方都十分尴尬。

“某某人说不喜欢你这种类型的人。”

“我去看了录取的名单，你好像名落孙山了。”

这样的信息我们都尽可能避免当面告诉对方，这是人之常情。

◎ 迫不得已传达坏消息时

在职场上也是如此，我们经常能看到好消息当面说，坏消息写个便条告知对方的情况。

美国卡内基梅隆大学的李·斯普劳尔（Lee Sproull）联系并调查了多家美国500强企业。

结果显示，上级会把升职或加薪的好消息当面告诉员工，也就是会亲口传达令人高兴的消息。

但是当要通知下属离职或者降级调职的时候，上级则经常通过邮件传达这些事务。

为什么要通过邮件传达坏消息呢？因为在传达坏消息的时候，尽管我们只是在充当传声筒，但还是担心对方会因此讨厌自己。

假如公司经理决定降低工资，尽管这个决定与我们无关，但是如果我们将这个消息传达给对方“你要减薪了啊”，对方很可能会因此对我们怀恨在心。

即使我们解释自己和这个决定毫无瓜葛，只是传达一下消息而已，很可惜，我们在对方心目中的地位依然会一落千丈。

因此，为了不让对方感觉自己是坏消息的传递者，我们要切记：坏消息不要当面告诉对方，最好用便条或邮件等书信方式传达。

根据消息内容尝试改变传达方式

当面告知好消息
与对方分享喜悦

必须要传递坏消息时，不要
当面讲出以避免遭人讨厌

57 虽说是“清凉商务”，但打上领带更受人尊重？

日本提倡夏季上班改穿轻便装，这种“清凉商务”的着装已经成为很多职场人士夏日的标配，并且最近一些公司也开始鼓励穿“运动鞋通勤”。虽然休闲舒适的装束越来越司空见惯，但是这样给他人留下的印象会好吗？

◎ 硬着头皮也要系上领带？

穿着规矩整洁的服装是上班族的职场礼仪。准确地说，这不仅是一种文明礼仪，服装甚至是人在社会中要出人头地的必要条件。

虽然衣冠楚楚之人并不一定是成功人士，但是不恰当的着装，几乎在任何场合中都是大忌，甚至会直接让人以失败收场。

我前几天在电视上看到了一则这样的新闻：越来越多的公司要求员工可以不穿皮鞋，而穿球鞋或运动鞋上班。话虽如此，但是西装搭配运动鞋，怎么都感觉不协调。

我觉得，即使是在公司的便装日，还是穿西装上班比较好，在夏天系上领带更好。因为我们通过衣着服饰向他人展示自我，穿着体面正式不会有损自己的形象。

当然，夏天打领带确实有点苦不堪言，事实上我也一样热，一样痛苦。但是，我认为即使硬着头皮强忍着也绝对要这样做。为什么呢？因为“佛靠金装，人靠衣装”，规矩体面的正装更容易让人在职场上取得成功。

◎ **看上去像成功人士至关重要**

美国作家约翰·莫雷（John T. Molloy）写过一本名为《为成功而打扮》（*New Women's Dress for Success*）的书，在书中就说明了衣着打扮的重要性。

莫雷让142家公司的管理人员用一周的时间拍摄下属员工的照片，并且询问各个员工：“你觉得自己将来能成功吗？”在给出肯定回答的人中，穿正装的人要比穿普通服装的人多出1.5倍，比打扮寒酸的人多4倍。可以预测，身着正装的人，成功的可能性更高。

穿着商务正装，看上去就像成功人士。

自己树立的这种职场成功的形象会展示给更多的人，这对自己实际的成功大有裨益。为什么呢？因为西装革履的打扮会让周围人把你当成功人士一样对待。

◎ **店员的态度也有变化**

美国休斯敦大学的贝蒂·安·斯特德（Bette Ann Stead）做了一项实验。她走访了5家商店，调查如果几个客人几乎同时光顾的时候，店员会先接待哪个客人。当身着西装和穿着休闲装的男性同时走进店里的时候，67.3%的情况是店员会先接待身着西装的客人。

这样“厚此薄彼”是因为店员看到身着休闲装的人时会感觉“让那个人等一等没事”或者“之后再接待他也可以”，无形之中就会忽视和怠慢了穿着稍逊的人。

如果我们想让他人尊重自己，就要穿着让别人尊重的服装。如果不想被人怠慢，就要相应地打扮得庄重得体才可以。

58 相比“有舍有得”，“只舍不得”才是成功的秘诀？

如果我们并没有开口求人，但有人心甘情愿为了我们竭力付出，相信谁都会对这个人报以感恩的态度，并且想着什么时候回报对方。这就是互惠原理。

◎ 成为有钱人的原因

要想在职场如鱼得水，在工作中取得成功，尽量多争取“同盟”或者欣赏自己的人是非常重要的。毋庸置疑，自己的“支持者”越多，工作越得心应手。

日本最大的综合性出版社讲谈社曾经出版过作家本田健写的一本书——《普通人是这样成为大富翁的》，书中有一个针对日本亿万富翁的调查。

该调查面向纳税金额在1000万日元以上的高额纳税人士，并整理了大约1000个人的数据资料。

调查中有一个问题是：“你感觉自己有多少支持者？”年收入不到1000万的人中，只有不到1%的人回答自己有“超过100个支持者”。而年收入超过3000万日元的企业经营者中，有20%的人都回答自己的“支持者超过100个”。

可以说，有钱人正是因为得到很多人的支持才会成为有钱人。

◎ 通过“给予、给予、再给予”来启动互惠原理

大家觉得要怎么做，才能获得更多人的支持呢？

这里的秘诀就是先让自己吃亏，为他人而付出。

虽然说“有舍有得”，但是不要有“得”的意识，要先彻底地“付出”。这样做之后，“得”便是水到渠成，随之而来。

我们先主动照顾他人、帮助他人，越是无私地奉献，不怕吃亏地做事，对方越会觉得“之后我也得做点什么当作回报”。

心理学将这种现象称作“互惠原理”（Norm of Reciprocity）。“投我以桃，报之以李”，我们对他人友好，对方也会回报善意。所以，用长远的目光来审视，其实我们并没有吃亏，还请大家放宽心。

◎ 为了他人，乐于奉献

美国丹佛大学的保罗·奥克（Paul Olk）通过研究证实，互惠原理不仅适用于朋友交往，在商业环境中也同样适用。我们越是对他人友好，对方越会回报亲切和善意。通过这种方式会吸引更多欣赏自己的人，这点特别重要。

松下电器的创始人松下幸之助在日本被称作“经营之神”，在他年轻的时候，每次有人找他修电灯，他都一并连对方没有让他修的地方全部修理好才回家。将对方都没有叮嘱的地方也修好，自然挣不到修理费。但是不难想象松下先生这样做之后，赢得了众人的

口碑，也招揽了越来越多的顾客。

做事绝不吃亏、一毛不拔的人，在职场上可能很难成功。如果能为了他人而乐于牺牲自己，这样的人做任何事才能无往不利。

越是不求回报地为他人尽心尽力
越能收获众多支持者和欣赏者的帮助和信赖

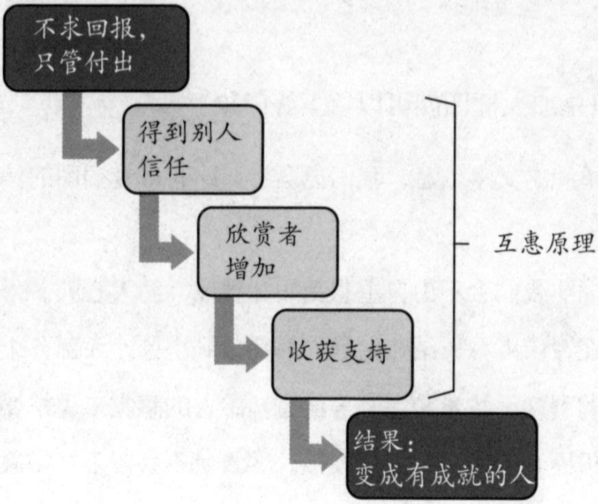

59 只是在小票上添加插图，就能使营业额水涨船高？

收到的书信或者留言便条上只要加入了一点插图，我们是不是不由自主就会对发信人产生好印象呢？插图能起到很好的心理效果。

◎ 只是加入插图就可以留下好印象

比起单纯的文字信息，我们更容易对绘有可爱插图的信息产生好感。

看到插图我们会不由自主感到如沐春风，沁人心脾。

比如在饭店点餐，结账后我们都会拿到小票。大部分小票上都只有所点的餐饮、数量和金额等信息，给人的感觉未免枯燥无味，完全是死板硬套的机械程式化模板，客人是不会留下好印象的。

如果我们拿到小票，发现上面绘有插图，会有什么感觉呢？是不是会感觉有点温暖，连心情都变好了呢？

我们是不是会对这家店或者画插图的服务员留下相当好的印象呢？

◎ 小费的金额相差悬殊

法国南布列塔尼大学的尼古拉·盖冈（Nicolas Guéguen）在某家咖啡厅通过一项实验证实了插图对我们心理的影响。

盖冈调查了咖啡厅177名客人，有的人拿到的小票上绘有“太阳的插图”，而剩下的客人拿到的是普通的小票。

然后他测试了多少客人拿到小票后会给小费。结果显示拿到绘有插图小票的客人中有37.7%会给服务员小费，拿到普通小票的客人则只有20.7%。

换句话说，在小票上别出心裁加一点插图，给小费的客人竟然增加了近一倍。真的是太神奇了。

此外，盖冈还调查了小费的金额。画上插图之后，客人给的小费也明显增加。也就是说，不只是给小费的客人数量有所增加，就连小费金额都上涨了不少。

◎ 营业额和氛围都焕然一新

很多商店为了促销都安装有广告牌，张贴广告。但是大部分促销形式都是类似“某某东西，五折优惠”这样的纯文字。

但是，这样起到的效果是不是微乎其微呢？如果在空白处画上可爱的少女、小狗、太阳或者花朵这样的插图，感觉会更有效果。为什么商家都没有这样做呢？是不是他们觉得插图和商品没有关系呢？

不管怎样，加上绘画插图，效果立竿见影。给领导递便条的时候，不要只写文字，如果也画上比如自己的肖像画，会给领导留下很好的印象。虽然只是一点小技巧，但是能让收信人温暖无比。这也许是一种“以小见大”的服务精神的体现，正所谓“细微之处见精神”，这样的举动瞬间能让职场上的氛围变得融洽而更富人情味。

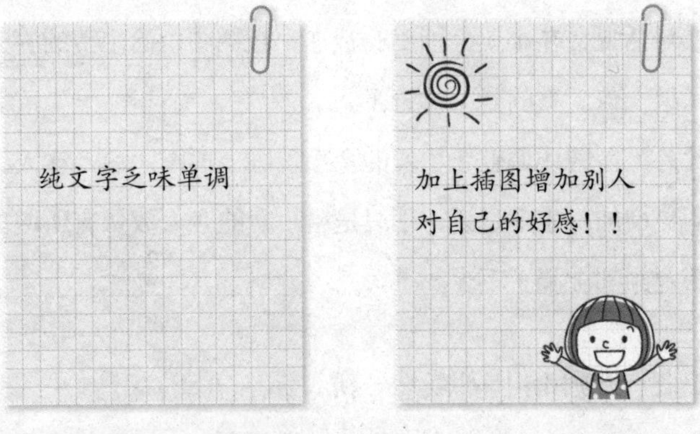

无论是给领导的便条，还是广告、小票、标语，
不妨为其添加插画吧！

60 仅从公司名称就能预测公司业绩?

要说能对我们心理产生影响的事物，名称肯定是其中之一。公司名称的发音、给人的感觉和印象与公司及商品的发展前景息息相关。

◎ 仅从公司名称就能判断业绩的原因

如果心理学家说仅从公司名称就可以在一定程度上预测公司业绩，是不是让人感觉很震惊呢?

即使完全不知道经营者的性格、资本多寡、创业年数、商店所在地等信息，心理学家仅从公司名称就可以预测业绩。

例如，现在只知道“弗林斯”（Frings）和“萨科斯塔”（Zaxster）这两个公司的名称。

心理学家看到这两个名称的瞬间，就可以预测出“弗林斯”这家公司的业绩可能更好，股价应该更高。

为什么会得出这种判断呢?

其中的原因是心理学家知道人有一种倾向，容易对好记且朗朗上口的名字抱有好感。

我们很难对难读又生僻的名字产生好感，在不知不觉中甚至会予以回避，也就不会想着支持这样的公司。

因此，即使我们不知道对方是什么公司，如果它的名字读起来拗口，也可以预测公司业绩应该不会太好。

美国纽约大学市场学教授亚当·奥特（Adam Alter）调查了1990年到2004年在纽约证券交易所和美国证券交易所交易的约1000个品牌的股票价格。

奥特调查的结果是，像“百通”（Belden）这样名字简单上口的公司要比名为“马扎尔·达韦克兹勒西·勒斯威牛塔卢撒撒克”（匈牙利的电信公司Magyar Telekom Távközlési Nyilvánosan Működő Részvénytársaság）这样名字又长又难读的企业的股价更高。

容易影响公司业绩的关键因素

× 经营者的性格
× 资本金额多寡
× 创业年数
◎ 公司名称

· 好记的名字
· 朗朗上口的名字　　容易让人产生好感

◎ 这个名字好听吗?

那些经久不衰以及业绩良好的公司都有顺耳好听的公司名称。

现在想要创业的人，不能随便取一个名字就万事大吉，一定要认真、慎重地考虑。我觉得可以尽量多征求一些人的意见，确认备选的名字是否好听。

无论名字有多酷炫，只要难记或者拗口难读，就很难赢得人们的好感，甚至会断送公司的发展前程。

行文至此，顺便说一下，不仅是公司名称，商品名称也是如此。好名字是开启品牌大门的钥匙。不管是什么类型的商品，都要尽量起一个容易赢得青睐、被人记住的名字。

虽然商品的内容和功能等也非常重要，但是请大家记住，命名无论何时都至关重要，是影响公司发展的关键因素。

后　记

心理学这门学科对我来说就是身边的学问，近在眼前。如此妙趣横生的学科真的是绝无仅有、无与伦比，可能由于我自己是心理学家，所以尤其会这样想。

我从事心理学的研究已经超过20年了，至今乐此不疲，从没有感到厌倦过。我常常拜读心理学界其他学者持续发表的论文，感觉真的是妙不可言，这门学科让我心醉神迷、欲罢不能。

我想跟各位读者分享自己这种心情，所以执笔写就此书。

在本书的创作过程中，我选择了通俗易懂、容易入门的话题，希望抛砖引玉激发读者们对心理学的兴趣。

在书店一眼望去，"××心理学"这样面向大众的书汗牛充栋，令人目不暇接。但是我感觉其中大部分书的内容要么如明日黄花，陈旧落伍；要么不着边际，夸大无物。

我担心如果读者只看这样的书，反倒会觉得心理学索然无味，因此，我就萌生了亲自写一本老少咸宜、引人入胜的心理学读物这种想法。

这次能够实现夙愿，实在喜不自胜。在此衷心地感谢日本明日香出版社能给我这样不可多得的机会。

就我而言，我所研究的领域被称作人际心理学。

“人际”这个词可能多少有点不好理解，其实就是“人与人互动交往”的意思。换而言之，人际心理学就是探究“人与人互动交往的心理学”。

人与人互动交往有各种形式：有时是分析领导和下属的关系，有时是剖析男女之间的恋爱关系，有时是探究父母和子女的关系。

我写的各种类型和体裁的书，归根结底都属于人际心理学这个研究范畴。

如果大家阅读了本书，感觉“这个作者写的书真是通俗易懂，很好读”，还请一定关注我其他的书籍，我将不胜欣喜。

行文至此，到了结束部分。在我执笔过程中，承蒙明日香出版社编辑部田中裕也先生的支持和帮助，借此机会深表谢意。

本书原是“三小时即可掌握的日常××”这个系列中的一册。《图解三小时即可掌握的日常“科学”》这本书出版后荣登畅销书排行榜，出版社在计划寻觅作家执笔同体裁且通俗易懂的“心理学”时，选中了我。在此谨向选中我来执笔的田中先生表示诚挚的谢意，铭感不忘。

衷心感谢各位读者愿意读到最后，真的非常感谢大家！

希望有缘再次相会。

内藤谊人

2018年5月